JN296072

シリーズ 知能機械工学 2

# 情報工学の基礎

谷 和男 著

共立出版

# 「シリーズ 知能機械工学」

　「知能機械工学」は，機械・電気電子・情報を統合した新しい学問領域です．知能機械の代表として，ロボット，自動車，飛行機，人工衛星，エレベータ，エアコン，DVDなどがあります．これらは，ハードウェア設計の基礎となる機械工学，制御装置を構成する電子回路やコンピュータなどの電気電子工学，知能処理や通信を担う情報工学を統合してはじめて作ることができるものです．欧州では知能機械工学に関連する学科にメカトロニクス学科が多くあります．このメカトロニクスという名称は，1960年代に始まった機械と電気電子を統合する"機電一体化"の概念が発展して1980年代に日本で作られた言葉です．その後，これに情報が統合され知能機械工学が生まれました．近年では，環境と人にやさしいことが知能機械の課題となっています．

　本シリーズは，知能機械工学における情報工学，制御工学，シミュレーション工学，ロボット工学などの基礎的な科目を，学生に分かりやすく記述した教科書を目標としています．本シリーズが学生の勉学意欲を高め，知能機械工学の理解と発展に貢献できることを期待しています．

編集委員

代表　川﨑　晴久　(岐阜大学)
　　　谷　　和男　(岐阜大学)
　　　原山美智子　(岐阜大学)
　　　毛利　哲也　(岐阜大学)
　　　矢野　賢一　(岐阜大学)
　　　山田　宏尚　(岐阜大学)
　　　山本　秀彦　(岐阜大学)
　　　　　　　　　(五十音順)

# まえがき

　20世紀後半に始まり，第4四半世紀に飛躍的に応用範囲を広げたメカトロニクス技術は，20世紀の機械技術における革命的進展であるといってよいであろう．メカトロニクスは，mechanicsとelectronicsの融合であり，electronicsは機械部分を制御する部分である．しかし一言で制御するといっても，それをどのようにとらえるかによって，いろいろな様相があるであろう．

　1. 電気・電子的な制御
　2. 電子計算機による制御
　3. 自由な制御則による制御
　4. センサ情報に対応した制御
　5. 外部情報を取り入れた制御
　6. 人工知能による制御

　制御工学は，さまざまな優れた制御方法を提供することによって，メカトロニクスの発展におおいに寄与してきた．そのなかでも，サーボ制御をはじめとする定量的な制御（定量的な目標値に対する出力の誤差を定量的に最小にすることを目的とする制御）の果たした役割は大きい．そして，定量的な制御であれば，連続（アナログ）方式であるかディジタル方式であるかの差は小さく，現在の制御はほとんどディジタル計算によって行われているといってよいであろう．定量的な制御については，いろいろな制御手法が理論化され，論文や教科書として公表されている．

　一方において，制御には定量的な制御のみではなく，定性的な制御というものもある．いくつかの行動の選択肢のなかから1つを選ぶというような判断行為なども制御の一形態である．これらの情報処理方法には，論理操作とか情報圧縮とかいう処理が含まれる．このような制御形態は実際には多く使用されているが，学問的には制御の主流ではなかったようで，機械技術者・制御技術者の学習対象としてはあまり展開されていないように見受けられる．その代わり

情報分野において，計算機処理技術・人工知能としてこれらの問題に関係する技術の理論化が進んでいる．しかしながら，機械制御への応用という面からの展開は十分ではないと思われる．

　本書は，機械技術などといった情報以外の分野を基礎としている技術者がメカトロニクス技術を習得しようとしたときに，情報分野の技術で必要とされる基本的なものを提供しようという考えで執筆した入門書である．そして最も基礎的なものから応用へのつながりがみえるまでを記述した．すなわち，情報理論，記号論理学，パターン認識，行動学習といった分野のきわめて基本的な事項から説明を開始した．さらに有限状態機械はこれらの分野に共通した基礎概念であり，また基礎的理論を実用に結び付ける手段でもあるので，いろいろな場面で取り上げた．

　本書はまた，大学工学部の教科書としての利用をもくろんでいる．実際のところ，筆者が岐阜大学工学部の人間情報システム工学科において行った講義の内容をもとに執筆したものである．同学科では，機械・エネルギー・電気電子・計測制御・情報・環境・人間工学の技術を融合して人間生活を支援するシステムの構築に向けての技術を習得することを目指している．そのような枠組みの中で本書は効果を発揮すると期待している．

　本書で述べた情報理論，記号論理学，パターン認識，行動学習，有限状態機械の技術は，それぞれの分野でさらに奥深く研究され理論化されている．それらを詳細にわたって記述することは本書の趣旨ではない．読者が特定の分野に興味をもたれるならば，多くの論文や文献がその要求に応えられるであろう．

　さらに，情報・論理・パターン認識・行動学習などは，人間をモデルとして発展してきた技術である．それゆえこれらの技術を考えることは必然的に人間の思考・認識・行動を考えることに結び付く．すなわち哲学に連結するものである．この観点からいくつかの小文をあげ'うめくさ'としたのでご笑読くだされば幸いである．

2009年8月

谷　和男

# 目　　次

## 第1章　情報と情報量

1.1 情報と情報化社会 ···································································· *1*
　　1.1.1 情報とは何か ································································ *1*
　　1.1.2 情報化社会 ···································································· *3*
　　1.1.3 機械技術者にとって情報工学とは ································ *4*
1.2 基本用語 ················································································· *5*
　　1.2.1 情報の定義 ···································································· *5*
　　1.2.2 情報の表現 ···································································· *5*
　　1.2.3 情報処理 ········································································ *6*
　　1.2.4 情報伝達 ········································································ *7*
1.3 情報理論 ················································································· *11*
　　1.3.1 情報量の定義 ································································ *11*
　　1.3.2 マルコフ情報源 ···························································· *15*
　　1章問題 ···················································································· *18*

## 第2章　集　　合

2.1 定義と記号 ············································································· *21*
2.2 集合算 ····················································································· *23*
2.3 全体集合 ················································································· *24*
2.4 集合から導かれる集合 ·························································· *25*
　　2章問題 ···················································································· *27*

## 第3章　命題論理（Ⅰ）：意味論

3.1 基本命題と論理記号 ······························································ *29*
3.2 論理式 ····················································································· *31*
3.3 論理式の解釈 ········································································· *31*
3.4 論理式の変形 ········································································· *32*

| | |
|---|---|
| 3.5 | 論理式の標準形 …………………………………… 34 |
| 3.6 | 論理式の意味論 …………………………………… 35 |
| 3.7 | 論理的帰結 ………………………………………… 37 |
| | 3章問題 …………………………………………… 39 |

## 第4章　ブール代数

| | |
|---|---|
| 4.1 | ブール代数とは何か ……………………………… 41 |
| 4.2 | 2値ブール代数 …………………………………… 42 |
| 4.3 | ブール論理式 ……………………………………… 44 |
| 4.4 | ブール関数 ………………………………………… 45 |
| 4.5 | 電子回路による論理式の実現 …………………… 52 |
| | 4章問題 …………………………………………… 54 |

## 第5章　命題論理（Ⅱ）：公理系

| | |
|---|---|
| 5.1 | 公理系 ……………………………………………… 55 |
| 5.2 | 定理式の証明 ……………………………………… 56 |
| 5.3 | 演繹定理 …………………………………………… 57 |
| 5.4 | 完全性 ……………………………………………… 60 |

## 第6章　述語論理

| | |
|---|---|
| 6.1 | 述語論理 …………………………………………… 63 |
| 6.2 | 述語論理の形式的体系 …………………………… 66 |
| 6.3 | 1階述語論理の意味論 …………………………… 67 |
| 6.4 | 述語論理の公理系 ………………………………… 69 |
| | 6章問題 …………………………………………… 70 |

## 第7章　有限状態機械

| | |
|---|---|
| 7.1 | 有限状態機械とは何か …………………………… 73 |
| 7.2 | 各種の有限状態機械 ……………………………… 75 |
| | 7.2.1　フリップフロップ ……………………… 75 |
| | 7.2.2　単安定マルチバイブレータとタイマ … 79 |
| 7.3 | マルチエージェントシステム …………………… 81 |

7章問題 ································································································· *82*

### 第8章　パターン認識（Ⅰ）：パターン空間法

8.1　パターンとは何か，パターン認識とは何か ··············································· *85*
　　　8.1.1　パターン・クラス・パターン認識 ············································· *85*
　　　8.1.2　パターン認識の過程 ································································ *86*
　　　8.1.3　パターン認識の手法 ································································ *87*
8.2　パターン空間法 ··························································································· *88*
8.3　統計的方法 ································································································· *88*
　　　8.3.1　最小距離法 ············································································· *89*
　　　8.3.2　ヒストグラムを用いる方法 ······················································ *90*
　　　8.3.3　尤度法 ···················································································· *91*
　　　8.3.4　ベイズの決定法 ····································································· *93*
8.4　ノンパラメトリックな方法 ······································································· *94*
　　　8.4.1　線形識別とその学習 ······························································· *94*
　　　8.4.2　線形分離可能 ·········································································· *97*
　　　8.4.3　コネクショニズム ································································· *98*
　　　8.4.4　ニューラルネットワーク ······················································ *100*
　　　8章問題 ··································································································· *103*

### 第9章　パターン認識（Ⅱ）：構造的方法

9.1　生成文法 ···································································································· *107*
9.2　マルコフ情報源 ························································································ *110*
9.3　決定木 ······································································································· *111*
　　　9章問題 ··································································································· *111*

### 第10章　パターン認識（Ⅲ）：前処理

10.1　前処理とは何か ······················································································· *115*
　　　10.1.1　観測方法 ············································································· *116*
　　　10.1.2　初段前処理 ········································································· *116*
　　　10.1.3　正規化 ················································································ *117*
　　　10.1.4　特徴抽出 ············································································· *118*

10.2 事　例 …………………………………………………………………… *119*
　　10.2.1　筋電信号による義手の制御 …………………………………… *119*
　　10.2.2　手振り動作によるロボットの操作 …………………………… *120*
　　10.2.3　言語識別 ……………………………………………………… *122*

## 第 11 章　行動学習

11.1　行動学習 ………………………………………………………………… *125*
11.2　強化学習 ………………………………………………………………… *126*
11.3　遺伝的アルゴリズム …………………………………………………… *129*

　問題解答 ……………………………………………………………………… *133*
　参考文献 ……………………………………………………………………… *141*
　索　引 ………………………………………………………………………… *145*

---

［参考プログラム］

　第 8 章，第 10 章，第 11 章で説明している参考プログラムは
共立出版株式会社のホームページ
　http://www.kyoritsu-pub.co.jp/
のメニューから「アフターサービス（更新情報）」の項目を開き，「情報工学の基礎」の欄よりダウンロードできます．

# 1 情報と情報量

本章ではまず,現代において情報をいかにとらえるべきか,人間社会に情報がいかに関係しているか,本書で学ぶ情報工学がその中でどのような位置を占めているかを述べる.次に,特に電子計算機や各種メディアのような情報機械で取り扱う情報を中心にして,情報・情報処理・情報伝達に関する基本的な用語を示し,情報源と情報量について学ぶ.**情報学**(informatics)の入り口である.

## 1.1 情報と情報化社会

現代は情報化社会といわれているが,情報化社会とは何であろうか.それを考える前に,まず情報とは何かを考えてみよう.

### 1.1.1 情報とは何か

情報という言葉は,現在最もよく使われる言葉の1つである.いろいろな場面でいろいろなニュアンスで使われている.できるだけ仕分けして定義を示し,情報とは何かをはっきりとさせていこう.

(1) 情報とは,人間が行動を選択するための判断材料となるもので,新たに与えられるものである.

これは,人間が生活を続けるということは,すなわち,周りの世界から情報を見出してそれに基づいて,行動を選択し実行するということだといっている.この種の情報を西垣通は「生命情報」と呼んでいる[3].したがって,自分の行

動選択に関係ないことであれば情報ではない．また，すでに自分が知っていることであれば情報ではない，ということである．それゆえ，ある人にとって情報であっても別の人にとっては情報でないということがありうる．株相場はある人々にとっては重要な情報であるが，別の人にとっては情報でない．さらに，人間が取捨選択して情報を得るためには，自分の感覚および知能・知見を用いなければならない．

このような意味で情報を定義すると，それは人間に限定されることなく，生物一般について，それぞれの個体にとっての情報があるということである．そして，行動選択に結び付いているということは，その情報に個体が意味付けしているということである．

(2) 情報とは，電子計算機が取り扱うところのものである．

これは (1) とは異なる定義であり，極論であるともいえるが，本書で取り扱っている情報とは何かについて的を射た答となっている．この定義によれば，電子計算機が出現する前の20世紀前半以前には，情報はなかったということになる．

「2.1 基本用語」でみるように，計算機は実は情報を扱うのではなくデータを扱うのである．このような情報を西垣通は「機械情報」と呼んでいる[3]．データは，それ自身のみでは意味をもつことはできないとされている．データは，受け取った人間が，データ以外のことがら（そのほかの情報や自分の知識・見識）をもとに解釈を行って始めて意味をもつ．たとえば，お金の請求の手紙（＝データ）が正当なものであるか詐欺であるかは，手紙の外部のことがらを参照しなければ決められない．したがって，データは受け取った人によって異なる意味をもつことは十分ありうるし，むしろそれが一般的である．

> 電子計算機 (computer) は，一般に，コンピュータ，計算機，電算機，電脳などとも呼ばれている．JIS X0001 情報処理用語－基本用語[1]では，計算機とコンピュータの両方を用語としてあげている．本書では，JIS X0001 の第一用語を用いて，計算機と呼ぶことを通例とする．

(3) 情報は，伝えられる．

情報は，後述の「図1.4 通信系のモデル」で示すように，通信路を通じて伝

達される．これを通信（communication）という．しかしながら図1.4では，情報源も情報受端も，通報と呼ばれる文字列を授受するのみである．情報伝達といっても実のところデータ通信であり，「機械情報」の伝達モデルである．情報は，ナイーブな考え方では，人から人へと伝えられる．人から人への情報伝達が成り立つためには，意味を文字列に変換し，文字列を意味に逆変換する必要があるが，それは図1.4では脱落している．すなわち，本当の通信の目的である意味の伝達については考慮外となっている．とはいえ，意味の伝達はいかなる通信手段を用いても本来的に不可能であるとされているので，無理からぬところである．

現在では，人からあるいは人への情報伝達を含まない，計算機間の情報伝達がかなりあると思われる．自動口座引落しなどはその例である．実質的な行為が行われ，いかなる人もそれについて意識しないで済んでしまうことは十分ありうる．

### 1.1.2　情報化社会

情報についてみてきたので，情報化社会に進もう．

人間は，より多くの仕事ができる，より便利になるという理由で，人間より格段に高い処理能力をもつ電子計算機を，社会活動や日常生活のあらゆる面で利用するようになった．事実，それによって人間の行える活動の量は大幅に増加した．同時に，人間の社会活動や日常生活は，電子計算機に全面的に依存するようになった．情報化社会とは，極言すれば，電子計算機に乗っ取られた人間社会である．ここで電子計算機というのは，種々の端末を含む計算機システム，マイクロコンピュータ，計算機ネットワーク，計算機によって制御（control）されるあらゆる機器を含んでいる．

情報化社会においては，以下のような状況が生じている．

（1）　情報の洪水

情報は計算機からやってくる．欲しい情報も欲しいわけではない情報も，インターネットから大量にやってくる．情報を発信することも計算機を通して比較的容易に行える．計算機は，時空を超えて情報を伝える．世界的なネットワークによりいつでもどこでもどんな遠くからでも情報はやってくる．

(2) 媒体の侵入

人間同士の直接的な接触の代わりに，電子メールや携帯電話など計算機を介した間接的な接触が増えている．

(3) 自律行動する計算機

計算機に自律的に行動を行わせる状況が増加している．人が感覚を通して環境から情報を得て行動するように，計算機はセンサを通して環境から情報を得，判別し，その結果に基づいて動作する．ロボットなど，メカトロニクス機器の多くはこのような状態で動作している．また，商行為においても，人間に気付かれることのないまま取引・決済が済んでしまうことがよくある．

(4) 人間のサイボーグ化

人間は計算機の助けを借りなければ文章書きもできない．携帯端末，ウェアラブル，BMI（brain-machine interface）などの技術によって，人間と計算機の一体化が進行している．

(5) 計算機による人間の管理

IC カードによる自動改札，IC パスポートによる出入国管理，防犯カメラによる監視と解析，個人認証のための生体計測（biometrics）などである．

(6) 社会の脆弱性

計算機システム，計算機ネットワークに故障等の不都合が生じた場合，社会に及ぼす影響・損害は多大なものになる可能性がある．故障箇所の発見・修復も時間と労力を必要とする．責任の帰属の問題も発生する．

(7) 情報弱者

計算機をうまく使いこなせない者は，不利な立場におかれる可能性がある．また，生物学的ヒトとして情報化社会に適応できない人々も出てくるかもしれない．

### 1.1.3 機械技術者にとって情報工学とは

機械技術者にとって**情報工学**（information engineering）の実践とは，計算機の扱う情報は「機械情報」であることを認識し，情報化社会における上記の項目について対応できる技術を修得し活用することである．特に，対象物を含む環境の認識を行い，それに応じて適切な行動を行う自律的なシステムとその

制御の構築をまっとうに行うこと，3C（computer, communication, control）の統合（integration）によるシステム構築を首尾よく行うことである．本書は，そのような志をもつ機械技術者に情報の概念と技術の基礎を提供しようとするものである．

## 1.2 基本用語

われわれは日常，情報に関するいろいろな用語を使っている．それらは大体共通の概念をもっていると思われるが，微妙な表現を行おうとすると，用語のより厳密な定義が必要になってくる．日本工業規格 JIS X0001〜X0032（X0029, X0030 は欠番）情報処理用語 で用語を規定している．ここでは，主として JIS X0001 情報処理用語 – 基本用語 に基づいて用語の体系を概観しよう[1]．

情報〔information〕のように，〔 〕の括弧を用いたものは，その前の日本語とともに JIS 用語である．

### 1.2.1 情報の定義

**情報**〔information〕： 事実，事象，事物，過程，着想などの対象物に関して知り得たことであって，概念を含み，一定の文脈中で特定の意味をもつもの．

**情報**〔information〕： 事象の集合から生起する事象に関する不確実さを減らしたり除いたりする知識．（JIS X0016 情報処理用語（情報理論）[4]）

基本的には，情報は観念的なもの・抽象的なものとされている．一方，情報理論では，情報を不確実さ（uncertainty）を減らす定量的な性質をもつものと規定している．

### 1.2.2 情報の表現

**データ**〔data〕： 情報の表現であって，伝達，解釈，または処理に適するように形式化され，再度情報として解釈できるもの．

**記号**〔symbol〕： 特定の文脈において意味をもつ概念の図的表現．

**文字**〔character〕： データを表現，構成，または制御するために用いられる要素の集合の構成単位．

**通報**〔message〕： 情報の伝達を目的とする，順序付けられた文字列．
**信号**〔signal〕： データを表現するために用いられる物理量の変化．

情報というものは観念的・抽象的なものであるが，それがデータという形になることによって具体的な取扱いの対象となるわけである．とはいえ，データは情報を表現するものであって情報それ自身ではない．記号，文字，通報，信号は，データをそれぞれある側面からみた場合の名前である．文字は，紙面に書かれたり画面表示されるものであれば記号に含まれる．交通標識やアイコンは記号であるが文字ではない．信号はデータの物理的な表現である．いずれにせよ，電子機械による処理をかなり念頭に置いた用語であるといえる．

本章では，記号と文字を上記のように区別しているが，一般にはまとめて記号ということが多い．その場合，記号は必ずしも図的ではない．

### 1.2.3 情報処理

**情報処理**〔information processing〕： 情報に対して行われる，データ処理を含む操作の体系的実施．データ通信，オフィスオートメーションなどの操作を含むことがある．

**情報管理**〔information management〕： 情報処理システムにおいて，情報の取得，分析，保存，検索，および配布を制御する機能．

**データ処理**〔data processing〕： データに対して行われる操作の体系的実施．

**データ管理**〔data management〕： データ処理システムにおいて，データに対するアクセス，データの記憶の実行・監視，および入出力操作の制御をする機能．

情報とデータが並行しているが，前者は概念的，後者は具体的である．

［例 1.1］ 私が「ノルウェイの森」を読むとして，読むのが小説であれば情報処理であり，本であればデータ処理である．私は小説を読むと同時に本を読む．情報処理をすると同時にデータ処理をする．データ処理をしないで情報処理をすることはできない．両者は別個であり同一である．

情報とデータの関係を図 1.1 に示す．

## 1.2 基本用語

[処理前]　　　　　[処理]　　　　　[処理後]

事実，事象，アイディア　　　　　　事実，事象，アイディア
のような対象物　　　　　　　　　　のような対象物

対象に関して　　　　　　　　　　　情報の主題
知り得たことがら

情報　　　　　情報処理　　　　　情報
　　　　　　　（観念的）

情報の表現　　　　　　　　　　　データの解釈

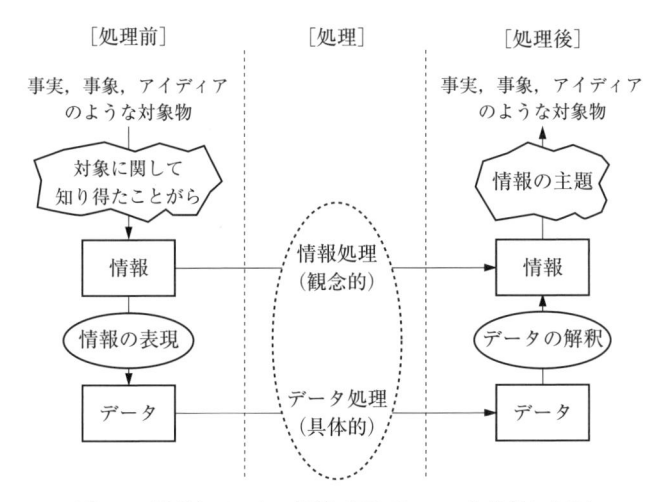

データ　　　　データ処理　　　　　データ
　　　　　　　（具体的）

**図1.1** 情報とデータの関係（JIS X 0001 を参考とする）

### 1.2.4 情報伝達

**データ通信**〔data communication〕： データ伝送およびその調整のための規則に従って，いくつかの機能単位間でデータを転送すること．

**データ伝送，伝送**〔data transmission, transmission〕： 通信設備を介して，ある地点から1つ以上の他の地点へデータを転送すること．

> JIS では，情報は，その表現としての「データ」の形で伝達されると考える．通信は伝送より広い概念である．

**データ送信装置**〔data source〕： 伝送するデータを送り出す機能単位．
**データ受信装置**〔data sink〕： 伝送されたデータを受け取る機能単位．
**データ伝送路，通信路**〔transmission channel, channel〕： 2つの地点間で，片方向に信号を伝送する手段．
**伝送媒体**〔transmission medium〕： 信号を伝える，自然または人工の媒体．

> 一般に「メディア」と呼んでいるものは，medium の複数形 media によるものであり，本来，伝送媒体を意味する．

図 1.2 に，データ伝送系のモデルを示す．

```
┌──────────────┐    ┌──────────────┐    ┌──────────────┐
│ データ送信装置 │ →  │  データ伝送路  │ →  │ データ受信装置 │
└──────────────┘    └──────────────┘    └──────────────┘
```

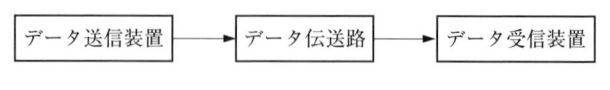

図 1.2　データ伝送系のモデル

さらに，通信系を文字列である「通報」の送信・受信とらえる．データ伝送路では，それに特有なデータ表現（＝通信路文字）をとるため，コード変換が入ってくる．

**変換する**〔to convert〕：　伝える情報の内容を変えずに，データの表現をある形から別の形に変えること．

**符号化する，コード化する**〔to encode〕：　元の形に再変換できるように，コードを使って，データを変換すること．

**復号する**〔to decode〕：　以前に符号化された結果を元に戻すようにデータを逆に変換すること．

**コード，符号**〔code〕：　第 1 の集合の要素を第 2 の集合の要素に対応付けさせる規則の集まり．要素は，文字または文字列である．第 1 の集合はコード化集合であり，第 2 の集合はコード要素集合である．

**コード化集合，符号化集合**〔coded set〕：　コードに従って，他の要素の集合に対応付けられている要素の集合．

**コード値，コード要素，符号値，符号要素**〔code value, code element〕：コード化集合の 1 つの要素にコードを適用した結果．

**コード集合，コード要素集合，符号集合，符号要素集合**〔code set, code element set〕：　コード化集合の全要素にコードを適用した結果．

**アルファベット**〔alphabet〕：　文字集合であって，その要素の順序に対し合意が得られているもの．

図 1.3 に，コード変換の図式を示す．四角で囲んだものは，変換時の参照対象の集合である．

コードの例として，表 1.1 に計算機などで使われる情報交換用符号[2]，および表 1.2 に最近まで無線通信に使われたモールス符号を示す．

1.2 基本用語

第1の要素 　　　　　変換　　　　　　第2の要素

コード化集合 → コード → コード要素集合

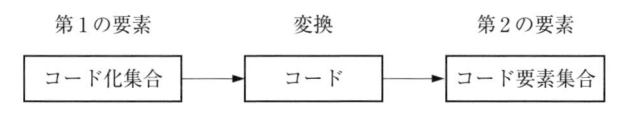

**図 1.3** コード変換

**表 1.1** 8ビット情報交換用符号（JIS X0201）（一部）

| | (i) | 0000 | 0001 | 0010 | 0011 | 0100 | 0101 | 0110 | 0111 |
|---|---|---|---|---|---|---|---|---|---|
| | (ii) | 0 | 1 | 2 | 3 | 4 | 5 | 6 | 7 |
| 0000 | 0 | NUL | DLE | SP | 0 | @ | P | ` | p |
| 0001 | 1 | SOH | DC1 | ! | 1 | A | Q | a | q |
| 0010 | 2 | STX | DC2 | " | 2 | B | R | b | r |
| 0011 | 3 | ETX | DC3 | # | 3 | C | S | c | s |
| 0100 | 4 | EOT | DC4 | $ | 4 | D | T | d | t |
| 0101 | 5 | ENQ | NAK | % | 5 | E | U | e | u |
| 0110 | 6 | ACK | SYN | & | 6 | F | V | f | v |
| 0111 | 7 | BEL | ETB | ' | 7 | G | W | g | w |
| 1000 | 8 | BS | CAN | ( | 8 | H | X | h | x |
| 1001 | 9 | HT | EM | ) | 9 | I | Y | i | y |
| 1010 | A | LF | SUB | * | : | J | Z | j | z |
| 1011 | B | VT | ESC | + | ; | K | [ | k | { |
| 1100 | C | FF | IS4 | , | < | L | \ | l | \| |
| 1101 | D | CR | IS3 | - | = | M | ] | m | } |
| 1110 | E | SO | SI2 | . | > | N | ^ | n | ~ |
| 1111 | F | SI | IS1 | / | ? | O | _ | o | DEL |
| (iii) | (iv) | (v) | | | | (vi) | | | (vii) |

(i) 8ビット符号 上位4ビット
(ii) 16進数表記 上位1けた
(iii) 8ビット符号 下位4ビット
(iv) 16進数表記 下位1けた
(v) 制御文字
(vi) 図形文字
(vii) DEL
(viii) SP スペース（空白）

例：文字5は8ビット符号の
文字 0011 0101
16進数表記 35 と表される．

文字Mは8ビット符号の文字
0100 1101
16進数表記 4D と表される．

**表 1.2** モールス符号（Morse code）（一部）

| | | | | | | | |
|---|---|---|---|---|---|---|---|
| A | ・− | K | −・− | U | ・・− | 1 | ・−−−− |
| B | −・・・ | L | ・−・・ | V | ・・・− | 2 | ・・−−− |
| C | −・−・ | M | −− | W | ・−− | 3 | ・・・−− |
| D | −・・ | N | −・ | X | −・・− | 4 | ・・・・− |
| E | ・ | O | −−− | Y | −・−− | 5 | ・・・・・ |
| F | ・・−・ | P | ・−−・ | Z | −−・・ | 6 | −・・・・ |
| G | −−・ | Q | −−・− | ． | ・−・−・− | 7 | −−・・・ |
| H | ・・・・ | R | ・−・ | ， | −−・・−− | 8 | −−−・・ |
| I | ・・ | S | ・・・ | ? | ・・−−・・ | 9 | −−−−・ |
| J | ・−−− | T | − | _ | −・・−− | 0 | −−−−− |

表1.1で，(v)，(vi)，(vii)，(viii) はコード化集合であり，(ii)，(iv) による8ビットの集合，および (i)，(iii) による16進数2けたの集合は

コード要素集合である.
表 1.2 より 'MORSE CODE' は次のように符号化される.
－－＿－－－＿・－・＿・・・＿＿＿＿＿－・－・＿＿＿－＿－・・＿・

'・', '－', '＿', '＿＿＿' の 4 文字でアルファベットを構成する.
（空白も文字であり，下線を付けて可視化している.）

**情報源**〔message source, information source〕： 通信系において<u>通報</u>が発生する部分.

**通信路**〔channel〕： 通信系において情報源と通信受端とを結ぶ部分．符号器が情報源と通信路入力との間に，また復号器が通信路出力と通信受端との間に存在してもよい．一般に，符号器および復号器は，通信路の一部とはみなさない．しかし，情報源および通信受端の一部とみなす場合がある．

**通報受端**〔message sink, information sink〕： 通信系において<u>通報</u>を受け取る部分.

**雑音**〔noise〕： 信号に影響し，信号によって運ばれた情報を歪める外乱．

図 1.4 に，通信系のモデルを示す．図 1.2 と図 1.3 を複合したものである．情報源が発生する情報源文字は，符号化され通信路文字に変換される．この形で通信路を伝送され，復号されて情報受端文字に変換され，情報受端に受け取られる．

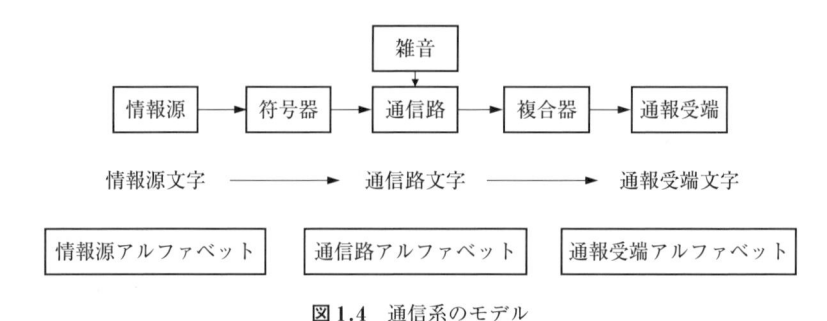

**図 1.4** 通信系のモデル

［**例 1.2**］ A さんの発話を B 通信士が聞きモールス信号として無線で C 通信士に送り書面にして D さんに見せる．

発話を文字列とみれば A さんは通報を発生するので情報源である．B さんは発話の文字列をモールス符号の文字列に変換する符号器である．無線は通信路であり，モールス符号集合は通信路アルファベットである．C さんはモールス符号の文字列を音声で聞き，書面の文字列に変換する復号器である．D さんは通報受端である．

信号の物理的形態およびそれに基づくデータの物理的形態について，離散的信号〔discrete signal〕，ディジタル信号〔digital signal〕，アナログ信号〔analog signal〕，離散的データ〔discrete data〕，ディジタルデータ〔digital data〕，アナログデータ〔analog data〕の用語がある．

> JIS の考えでは，＊ディジタル情報，＊アナログ情報，＊アナログ通報 などの用語は，範疇錯誤（category mistake）として，用いない．

## 1.3 情報理論

記憶装置はどれだけの量の情報を蓄えられるのか，文字列や画像はどれだけの量の情報を含んでいるのか，また伝えられるのか．これらの問題に対して基準となる尺度を与えているのが情報理論である．**情報理論**〔information theory〕は，情報の定量的な尺度を取り扱う理論分野である．JIS X0016 情報処理用語（情報理論）で展開されている[4]．

### 1.3.1 情報量の定義

**選択情報量**〔decision content〕： 互いに排反な事象から成る有限集合中の事象の数の対数．数学的には

$$H_0 = \log_2 n \tag{1.1}$$

で表される．ここで，$n$ は事象の数である．

> 情報理論において，「事象」は，確率論で使用されるものと同様である．事象の例には，ある通報の中またはある通報の特定の位置にある文字が存在することなどがある．

表 1.3 自然数の 2 を底とする対数の表

| $x$ | 1 | 2 | 3 | 4 | 5 | 6 | 7 | 8 | 9 | 10 |
|---|---|---|---|---|---|---|---|---|---|---|
| $\log_2 x$ | 0.000 | 1.000 | 1.585 | 2.000 | 2.322 | 2.585 | 2.807 | 3.000 | 3.170 | 3.322 |

対数の底として，通常，上記のように2を用いる．そのように表される情報量の単位はビット（bit）である（表1.3）．

　　JIS X0016（および ISO/IEC 2382-16）では，ビットではなく，シャノン（Sh）という単位が使われている．本書では，現在一般に使われているビットを採用する．

**［例1.3］** 2種，6種，8種の文字の中から1個を選択する事象は，それぞれ，1ビット，2.585（$= \log_2 6$）ビット，3（$= \log_2 8$）ビットの選択情報量を与える．

　　選択情報量は，記憶装置の容量を示すのに用いられる．計算機では，通常8ビットを1バイト（Byte）として扱う．10ギガバイトの磁気ディスクは$10^{10}$バイト＝$8 \times 10^{10}$ビットの選択情報量を保持する．

**情報量**〔information content〕：　確率事象の生起を知ることによって伝えられる情報の尺度．この尺度はその事象の生起確率の逆数の対数に等しく，数学的には

$$I(x) = \log_2(1/p(x)) = -\log_2 p(x) \qquad (1.2)$$

で表される．ここで，$p(x)$ は事象 $x$ の生起確率である．

**［例1.4］** 生起確率 $p = 0.3$ をもつ文字が生起したとき，それが与える情報量 $I$ は
$$I = -\log_2 0.3 = 1.737 \text{（ビット）}$$
生起確率 $p = 0.7$ をもつ文字が生起したとき，それが与える情報量 $I$ は
$$I = -\log_2 0.7 = 0.515 \text{（ビット）}$$

このように，生起確率の大きい事象が生起してもそれが与える情報量は小さく，生起確率の小さい事象が生起するとそれが与える情報量は大きい．たとえば，晴れになると予想されているときに，実際に予想どおり晴れになることから知る量は少なく，予想に反して雨になることから知る量は多いという考えである．

**［例1.5］** 生起確率 $p = 1/n$ をもつ文字が生起したとき，それが与える情報量 $I$ は
$$I = -\log_2(1/n) = \log_2 n$$

これより，生起確率が等しい事象から成る集合では，各事象の情報量はその集合の選択情報量に等しい．

**エントロピー，平均情報量**〔entropy, average information content〕：有限の完全事象系の中から，いずれの事象が生起したかを知ることによって伝えられる情報量の平均値．数学的には

$$H(X) = \sum_{i=1}^{n} p(x_i)I(x_i) = \sum_{i=1}^{n} p(x_i)\log_2(1/p(x_i))$$
$$= -\sum_{i=1}^{n} p(x_i)\log_2 p(x_i) \tag{1.3}$$

で表される．ここで，$X = \{x_1, \cdots, x_n\}$ は事象 $x_i$ $(i = 1, \cdots, n)$ の集合，$I(x_i)$ は事象 $x_i$ の情報量，および $p(x_i)$ は事象の生起確率であって，$\sum_{i=1}^{n} p(x_i) = 1$ を満たすものとする．完全事象系とは，それを構成する事象が互いに排反であり，すべての事象の和集合が全事象に一致する事象系をいう．

平均情報量は，各事象の情報量にその生起確率を掛けて全事象について足し合わせたものである．したがって，この平均は，共時的平均（synchronic mean），集合平均（ensemble mean）である．

「エントロピー」という用語は，熱力学で使われるものと同じであり，熱力学と情報理論において，深いところで共通の概念をもつ．

〔**例 1.6**〕 生起確率 $p, 1-p$ でそれぞれ文字 a，b を生起する過程が 1 個の文字を生起することの平均情報量 $H(p)$ は

$$H(p) = -p \times \log_2 p - (1-p) \times \log_2(1-p) \tag{1.4}$$

式（1.4）を**エントロピー関数**という．$p \to 0$ のとき $H(p) \to 0$，$p \to 1$ のとき $H(p) \to 0$ である．この関数の最大値を調べるために $p$ で微分する．

$$\frac{dH(p)}{dp} = -\log_2 p - p\frac{1}{p\log 2} + \log_2(1-p) + (1-p)\frac{1}{(1-p)\log 2}$$
$$= \log_2 \frac{1-p}{p}$$

$$\left.\frac{dH(p)}{dp}\right|_{p=0.5} = 0, \quad H(0.5) = 1$$

であるので，$p = 0.5$ のときに最大平均情報量 1 ビットを与える．この関数を図 1.5 に示す．この最大値は，選択情報量に等しい．選択情報量は，完全事象系が与えうる平均情報量の最大値である．

〔**例 1.7**〕 生起確率 0.6，0.25，0.15 でそれぞれ文字 a，b，c を生起する過程が 1 個の文字を生起することの平均情報量 $H$ は

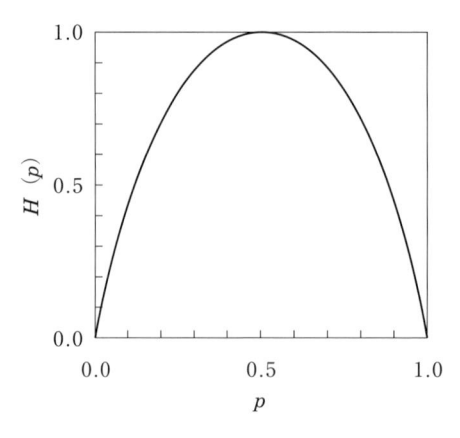

図1.5　エントロピー関数

$$H = -0.6 \times \log_2 0.6 - 0.25 \times \log_2 0.25 - 0.15 \times \log_2 0.15$$
$$= 0.6 \times 0.737 + 0.25 \times 2.000 + 0.15 \times 2.737 = 1.353 \quad (\text{ビット})$$

**定常情報源**〔stationary message source, stationary information source〕：通報の生起確率が時刻に依存しない情報源．

**定常情報源のエントロピー：**　定常情報源において情報源文字の生起確率が一定であるとき，1情報源文字の生起におけるエントロピーを定常情報源のエントロピーという．

**冗長量**〔redundancy〕：　選択情報量 $H_0$ とエントロピー $H$ との差 $R$．数学的には

$$R = H_0 - H \tag{1.5}$$

で表される．

> $H$ の情報量を伝えるのにそれより大きい $H_0$ の容量を用いている．$H_0$ の情報量を伝えられるのに $H$ だけしか伝えていない．したがって $R = H_0 - H$ だけ余計になっている．これが冗長量である．

［**例1.8**］　情報源アルファベットが $\{a, b, c\}$ で，それぞれの文字の生起確率が 0.6, 0.25, 0.15 である定常情報源のエントロピー $H$ は，例1.7と同様に 1.353 ビットである．また，選択情報量 $H_0$ は

$$H_0 = \log_2 3 = 1.585 \text{ (ビット)}$$

であるので，冗長量 $R$ は

$$R = H_0 - H = 1.585 - 1.353 = 0.232 \text{ (ビット)}$$

### 1.3.2 マルコフ情報源

**マルコフ情報源**(Markov source)とは，文字の生起が**マルコフ過程**(Markov process)であるような情報源をいう．最初にマルコフ過程について述べる．

次の状態への遷移確率が，その直前に経過した $m$ 個の状態のみに依存し，それ以前に経過した状態の影響を受けない場合，そのような状態遷移過程を $m$ 重マルコフ過程（$m$-th order Markov process）という．また，一重マルコフ過程（first order Markov process）を単純マルコフ過程という．

$m = 0$ の場合は，マルコフ過程ではなくなる．

以下では，一重マルコフ過程について議論する．

離散的時刻 $t$ における状態 $S_j$（$j = 1, 2, \cdots, n$）の生起確率を $p_j(t)$ とする．いずれかの状態が生起するので $\sum_{j=1}^{n} p_j(t) = 1$ である．$p_j(t)$ を成分とする行ベクトル

$$\boldsymbol{w}(t) = (p_1(t), p_2(t), \cdots, p_n(t)) \quad (1.6)$$

を，状態の時刻 $t$ における**生起確率ベクトル**（probability vector）という．状態 $S_i$ が生起した後に状態 $S_j$ に遷移する確率を**遷移確率**（transition probability）といい，$q_{ij}$ で表す．いずれかの状態に遷移するので $\sum_{j=1}^{n} q_{ij} = 1$ を満足する．$q_{ij}$ を成分とする行列

$$Q = (q_{ij}) \quad (1.7)$$

を**遷移確率行列**（transition probability matrix）という．遷移確率行列は時間不変であるとすると，時刻 $t+1$ における状態 $S_j$ の生起確率 $p_j(t+1)$ は

$$p_j(t+1) = p_1(t)q_{1j} + p_2(t)q_{2j} + \cdots + p_n(t)q_{nj} = \sum_{i=1}^{n} p_i(t)q_{ij} \quad (1.8)$$

となる．したがって，

$$\boldsymbol{w}(t+1) = \boldsymbol{w}(t)Q \quad (1.9)$$

マルコフ過程において，状態 $S_j$ に遷移するときに文字 $a_j$ を生起する情報源

をマルコフ情報源という．マルコフ過程に従って，$m$ 重マルコフ情報源（$m$-th order Markov source），一重マルコフ情報源（first order Markov source），単純マルコフ情報源という．

［**例 1.9**］ a, b の文字を生起する一重マルコフ情報源を考える．a の生起後の a の生起確率は 0.7，b の生起確率は 0.3 であり，b の生起後の a の生起確率は 0.2，b の生起確率は 0.8 である．2 状態 Sa, Sb があり，状態 Sa, Sb に遷移するときにそれぞれ文字 a, b を生起するとすれば，遷移確率行列は

$$Q = \begin{pmatrix} 0.7 & 0.3 \\ 0.2 & 0.8 \end{pmatrix} \tag{1.10}$$

と表される．このような情報源を状態間の遷移として図式に表したものが，図 1.6 に示す**状態遷移図**（state transition diagram）または**シャノン線図**（Shannon diagram）である．

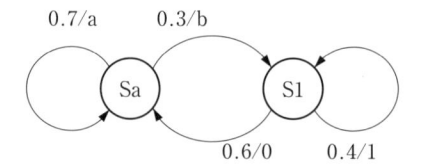

**図 1.6** マルコフ情報源の状態遷移図

この図から，マルコフ過程は，7 章で述べる有限状態機械の一種であるとみることができる．

さて，状態の生起確率ベクトルは式（1.9）によって変化するのであるが，時間が経過するにつれて一定の値，すなわち定常値に収束することが考えられる．これを**定常生起確率ベクトル**といい次式で表す．

$$\bm{w} = (p_1, p_2, \cdots, p_n) \tag{1.11}$$

定常生起確率ベクトルが存在すれば

$$\bm{w} = \bm{w}Q \tag{1.12}$$

が成り立つ必要がある．これは

$$\bm{w}I = \bm{w}Q$$
$$\bm{w}(I-Q) = \bm{0} \tag{1.13}$$

と変形される．これより，$\bm{w}$ が非負の成分をもつベクトルとして解をもてば，

定常生起確率ベクトルが存在する．この場合，$Q$ を **正規マルコフ情報源** という．

[**例 1.10**]　$w = (p_1, p_2)$，$Q$ は例 1.9 のものとする．

$$I - Q = \begin{pmatrix} 0.3 & -0.3 \\ -0.2 & 0.2 \end{pmatrix} \tag{1.14}$$

$w$ を式 (1.13) に代入すると次の 2 つの式を得る．

$$0.3p_1 - 0.2p_2 = 0, \quad -0.3p_1 + 0.2p_2 = 0$$

これらは冗長な式である．

一方，$p_1 + p_2 = 1$ であるから，これらより

$$w = (p_1, \; p_2) = (0.4, \; 0.6) \tag{1.15}$$

を得る．これより，例 1.9 は正規マルコフ情報源である．

**1 文字当たりの平均エントロピー，1 文字当たりの平均情報量** [character mean entropy, character mean information content, character average information content]：　定常情報源から出されるすべての通報に対する 1 文字当たりのエントロピーの平均値．数学的には，この尺度 $H'$ は極限値

$$H' = \lim_{m \to \infty} (H_m / m) \tag{1.16}$$

で表される．ここで $H_m$ は定常情報源から出される $m$ 個の文字から成る全系列についてのエントロピーである．

　この平均は，通時的平均（diachronic mean），時間平均（time mean）である．

定常な正規マルコフ情報源の 1 文字当たりの平均エントロピーは，次式で与えられる．

$$H' = -\sum_{j=1}^{n} p_j \left( \sum_{i=1}^{n} q_{ij} \log_2 q_{ij} \right) \tag{1.17}$$

[**例 1.11**]　例 1.9 のマルコフ情報源の 1 文字当たりの平均エントロピー $H'$ は

$$\begin{aligned}
H' &= -\{0.4 \times (0.7 \times \log_2 0.7 + 0.3 \times \log_2 0.3) + 0.6 \times (0.2 \times \log_2 0.2 + 0.8 \times \log_2 0.8)\} \\
&= 0.4 \times 0.7 \times 0.515 + 0.4 \times 0.3 \times 1.737 + 0.6 \times 0.2 \times 2.322 + 0.6 \times 0.8 \times 0.322 \\
&= 0.786 \; (\text{ビット})
\end{aligned}$$

〔参考〕 生起確率 0.4, 0.6 でそれぞれ文字 a, b を生起する（マルコフ過程でない）情報源のエントロピー $H$ は

$$H = -0.4 \times \log_2 0.4 - 0.6 \times \log_2 0.6 = 0.4 \times 1.322 + 0.6 \times 0.737 = 0.971 \text{ (ビット)}$$

これより，文字の生起確率の等しい非マルコフ情報源とマルコフ情報源とでは，前者の方が多くの情報量を発生することがわかる．

〔参考〕 英語の文字が A〜Z とスペースの 27 種とすると，1 文字当たりの選択情報量は $\log_2 27 = 4.755$ ビットである．英文における文字の出現頻度を考慮し，英文を非マルコフ情報源と仮定すると，エントロピーは 4.1 ビット程度になる．実際はマルコフ性が高いので，通常の英文の文字の平均エントロピーは 2.6 ビット程度であるといわれる．

## 〈1 章問題〉

**1.1** 情報源の情報量について以下の問に答えよ．

定常情報源 A は，文字 x, y, および z を生起する．x を生起する確率は 0.7，y を生起する確率は 0.2，z を生起する確率は 0.1 である．情報源 A のエントロピーおよび冗長量を求めよ．

**1.2** マルコフ情報源の情報量について以下の問に答えよ．

情報源 B は，(一重) マルコフ情報源であり，0, 1 の文字を生起する．0 の生起後の 0 の生起確率は 0.8，1 の生起確率は 0.2 であり，1 の生起後の 0 の生起確率は 0.6，1 の生起確率は 0.4 である．2 状態 S0, S1 があり，状態 S0, S1 に遷移するときにそれぞれ文字 0, 1 を生起する．

(a) 情報源 B の状態遷移図を描け．また遷移確率行列を記せ．
(b) 情報源 B の状態の定常分布確率 $\boldsymbol{w} = (p_1, p_2)$ を求めよ．
(c) 情報源 B の定常状態における一文字当たりの平均エントロピーを求めよ．
(d) 情報源 C は，確率 $p_1, p_2$ で文字 0, 1 を生起する非マルコフ情報源とする．C のエントロピーを求めよ．

**1.3** 情報源の情報量について以下の問に答えよ．

情報源 D は，文字 a および b を生起する．a を生起する確率は $p$，b を生起する確率は $1-p$ である．また，a の一文字を生起するのにかかるコストは $c$ [円]，b の一文字を生起するのにかかるコストは $d$ [円] である．

(a) 情報源 D のエントロピー $H(p)$ を求めよ．
(b) 情報源 D の一文字生起における平均コスト $Q(p)$ [円] を求めよ．

(c) 情報源 D のコスト 1 円当たりの情報量を $F(p)$ とすると，
$$F(p) = H(p)/Q(p)$$
と表される．$p$ を調整してコスト当たりの情報量を最大にしたときの $p, c, d$ の関係式を求めよ．

(d) $c = 1$ [円]，$d = 2$ [円] として，コスト当たりの情報量を最大とする $p$ の値を求めよ．

### 情報の語感

「情報」という言葉は，最近最もよく使われる言葉の1つである．しかしながら，情報という言葉は，かなりあいまいな意味で使われているのではないだろうか．情報は英語で information である．この言葉は to inform（知らせる）という動詞の名詞形である．To inform someone of something（だれそれに何かを知らせる，通知する），"Keep me informed" は「何かあればちゃんと知らせてくれ」，町の①，"INFORMATION" は「案内所」である．このように information は，一般に広く人々に知らせるという意味で使われているようである．

一方，日本語の「情報」は，明治維新後，「敵情報告（または情況報告）」という軍隊語の略語として始まったものとも[3]，森鴎外による訳語ともいわれる．それだからか，ごく限られた人にのみ知らせる，できれば隠しておきたいというような意味合いで使われているのではないだろうか．個人情報保護法などにはそのような意味合いを感じる．町に「情報」という看板の店があれば気楽に入りにくいかもしれない．このように，情報≒information でしかないことに留意すべきである．

本章では，情報をできるだけ工学的にあるいは数学的に扱い，その意味をはっきりさせようとした．情報機械が扱う情報としてはこれでよいのだろう．しかし，われわれが新聞を読むときは，必要なところ，興味のあるところを選んで読む．要らないところは本人にとっては情報ではない．生体が受け取る情報は，本章で述べてきた機械的な情報とは異なる．生態情報学（ecological informatics）というものが考えられるべきである．

# 2 集合

集合については，集合論として奥深い理論が展開されている．本章では，本書で必要な初歩的な部分について記述するにとどめる．おおむね高等学校で学習したことの復習である．

## 2.1 定義と記号

何か考慮の対象とするものの集まりを1つのまとまりとして考えたとき，そのまとまりを**集合**（set）と呼ぶ．その個々の対象を，その集合の**要素**（element）または**元**と呼ぶ．$a$ が集合 $A$ の要素であることを，$a$ は $A$ に**属する**といい

$$a \in A$$

と表す．

本書では，「含む」を集合と要素の関係には使わないことにする．

その否定，すなわち $a$ が $A$ の要素でないことを

$$a \notin A$$

と表す．

集合 $A$ の要素が $a, b, c, \cdots$ であるとき

$$A = \{a, b, c, \cdots\}$$

と書き，集合 $A$ は要素 $a, b, c, \cdots$ から成るという．

集合を，ある満足すべき性質をもつものの全体から成るものとして定義する

ことが多い．集合 $A$ が，性質 $P(x)$ をもつもの $x$ の全体から成るとき
$$A = \{x \mid P(x)\}$$
と書く．

$P(x)$ は，6 章でいう述語論理式である．

集合 $A$ が有限個の要素から成るとき，$A$ を**有限集合** (finite set) という．$A$ が無限個の要素を含むとき，$A$ を**無限集合** (infinite set) という．要素を 1 つも含まない集合を**空集合** (empty set, null set) といい，記号 $\phi$ で表す．

集合 $A$ に属する要素がすべて集合 $B$ に属し，$B$ に属する要素がすべて $A$ に属するとき，集合 $A$ と集合 $B$ は等しいといい
$$A = B$$
と表す．その否定を
$$A \neq B$$
と表す．

したがって，$A = A$ である．

集合は，互いに異なる要素から成るものとする（すなわち，要素の重複はない）．また，要素間の順序はないものとする．

集合 $A, B$ において，$A$ の要素がすべて $B$ に属するとき，$A$ は $B$ の**部分集合** (subset) である，$A$ は $B$ に**含まれる**，$B$ は $A$ を**含む** といい
$$A \subseteq B$$
と表す．その否定を
$$A \nsubseteq B$$
と表す．

定義より，$\phi \subseteq A$ である．

[**例 2.1**]　$D = \{a, b, c\}$ であるとき，$D$ の部分集合は，$\phi$, \{a\}, \{b\}, \{c\}, \{a, b\}, \{a, c\}, \{b, c\}, \{a, b, c\} である．

$A \subseteq B$ かつ $A \neq B$ であるとき，$A$ を $B$ の**真部分集合** (proper subset) といい
$$A \subset B$$

と表す.

$\subseteq$, $\subset$ のところに $\subset$, $\subsetneq$ を用いる記法もある.

**定理 2.1** 集合 $A, B, C$ に対して以下の式が成り立つ.

| | |
|---|---|
| $A \subseteq A$ | 反射律（reflexivity） |
| $A \subseteq B$ かつ $B \subseteq A$ ならば, $A = B$ | 反対称律（antisymmetry） |
| $A \subseteq B$ かつ $B \subseteq C$ ならば, $A \subseteq C$ | 推移律（transitivity） |

## 2.2 集合算

集合 $A, B$ に対して, $A$ と $B$ の両方に属するすべての要素から成る集合を, $A$ と $B$ の**共通部分**（intersection）, **積集合**（product set）, **交わり**（meet）といい, $A \cap B$ と表す.

また, $A$ に属する要素と $B$ に属する要素を合わせた要素から成る集合を, $A$ と $B$ の**和集合**（union）または**結び**（join）といい, $A \cup B$ と表す.

$$A \cap B = \{x | x \in A \text{ かつ } x \in B\}$$
$$A \cup B = \{x | x \in A \text{ または } x \in B\}$$

（上記の $\{x | x \in A \text{ かつ } x \in B\}$ を $\{x | x \in A, x \in B\}$ と表記する.）

**定理 2.2** 集合 $A, B, C$ に対して以下の式が成り立つ.

| | | |
|---|---|---|
| $A \cap B = B \cap A$ | 交換法則 | (2.1a) |
| $A \cup B = B \cup A$ | (commutative law) | (2.1b) |
| $(A \cap B) \cap C = A \cap (B \cap C)$ | 結合法則 | (2.2a) |
| $(A \cup B) \cup C = A \cup (B \cup C)$ | (associative law) | (2.2b) |

式 (2.2a), (2.2b) は, それぞれ $A \cap B \cap C$, $A \cup B \cup C$ と書くことができる.

| | | |
|---|---|---|
| $A \cap (B \cup C) = (A \cap B) \cup (A \cap C)$ | 分配法則 | (2.3a) |
| $A \cup (B \cap C) = (A \cup B) \cap (A \cup C)$ | (distributive law) | (2.3b) |
| $A \cap (A \cup B) = A$ | 吸収法則 | (2.4a) |
| $A \cup (A \cap B) = A$ | (absorption law) | (2.4b) |
| $A \cap A = A$ | べき（冪）等法則 | (2.5a) |
| $A \cup A = A$ | (idempotent law) | (2.5b) |

$$A \cap \phi = \phi \tag{2.6a}$$
$$A \cup \phi = A \tag{2.6b}$$

集合 $A, B$ が $A \cap B = \phi$ であるとき，$A$ と $B$ は互いに**素**（disjoint）である，**排反**する，交わりをもたない という．このとき集合 $C = A \cup B$ を $A, B$ の**直和**（disjoint union）といい

$$C = A + B$$

で表す．

集合 $A, B$ があり，$A$ に属して $B$ に属さないすべての要素から成る集合を

$$A - B$$

で表す．これを $A$ に対する $B$ の**差集合**（difference set）という．

$$A - B = \{x \mid x \in A,\ x \notin B\}$$

$B \subseteq A$ のとき，$A - B$ を $A$ に対する $B$ の**補集合**（complementary set, complement）という．

本書では，差集合と補集合の定義をこのように使い分ける．

**定理 2.3** 集合 $A, B$ に対して以下の式が成り立つ．
$$A \subseteq A \cup B \tag{2.7a}$$
$$B \subseteq A \cup B \tag{2.7b}$$
$$A \cap B \subseteq A \tag{2.8a}$$
$$A \cap B \subseteq B \tag{2.8b}$$
$$A \cap B \subseteq A \cup B \tag{2.9}$$
$$A - B \subseteq A \tag{2.10}$$

**定理 2.4** $A - B,\ A \cap B,\ B - A$ は互いに素である．

## 2.3　全体集合

数学のある議論において，考慮の対象となる要素の全体から成る集合 $U$ を，その議論における**全体集合**または**普遍集合**（universal set）という．

　$A$ を任意の集合とすると，$A \subseteq U$ である．

$U$ に対する $A$ の補集合を，単に $A$ の**補集合**といい，$A^c$ と表す．

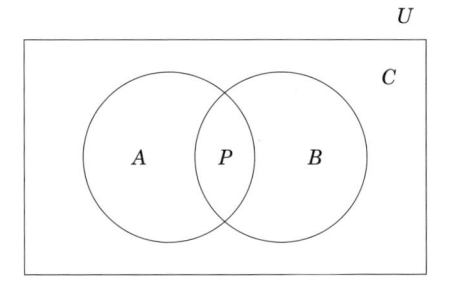

**図 2.1** 全体集合と集合

$A^c$ の代わりに, $\overline{A}$, $^cA$, $A'$, $-A$, $\neg A$, $\sim A$ と表す記法もある.
$$A^c = \{x \mid x \in U,\ x \notin A\} = U - A$$

**定理 2.5** 集合 $A, B$ に対して以下の式が成り立つ.

$$(A^c)^c = A \qquad 復元律 \qquad (2.11)$$
$$(A \cap B)^c = A^c \cup B^c \qquad ド・モルガンの法則 \qquad (2.12a)$$
$$(A \cup B)^c = A^c \cap B^c \qquad (\text{de Morgan's law}) \qquad (2.12b)$$
$$A \cap A^c = \phi \qquad\qquad (2.13a)$$
$$A \cup A^c = U \qquad\qquad (2.13b)$$

これを図 2.1 のように示したものを**ベン図**（Venn diagram）という.

$$P = A \cap B$$
$$P^c = (A \cap B)^c = A^c \cup B^c$$
$$C = (A \cup B)^c = A^c \cap B^c$$

## 2.4 集合から導かれる集合

集合 $A$ の部分集合から成る集合を，$A$ の**べき集合**（冪集合, power set）といい $\mathcal{P}(A)$ で表す．すなわち，$\mathcal{P}(A) = \{X \mid X \subseteq A\}$

[例 2.2] $D = \{a, b, c\}$ であるとき
$$\mathcal{P}(D) = \{\phi, \{a\}, \{b\}, \{c\}, \{a, b\}, \{a, c\}, \{b, c\}, \{a, b, c\}\}$$

2 つの集合 $A, B$ があり，$A$ の要素 $a$ と $B$ の要素 $b$ から成る組 $(a, b)$ の全体から成る集合を $A$ と $B$ の**直積**（direct product）といい

$$A \times B$$

で表す．

$$A \times B = \{(a, b) \mid a \in A,\ b \in B\}$$

ここで，$(a, b)$ を **順序対** (ordered pair) という．

［例 2.3］ $D = \{a, b, c\}$ であるとき，

$D \times D = \{(a, a), (a, b), (a, c), (b, a), (b, b), (b, c), (c, a), (c, b), (c, c)\}$

$R$ が 2 つの集合 $A, B$ の直積 $A \times B$ の部分集合である，すなわち $R \subseteq A \times B$ であるとき，$R$ を集合 $A, B$ 上の **関係** (relation) という．$a \in A,\ b \in B$ で $(a, b) \in R$ であるとき，関係 $R$ が $(a, b)$ に対して成り立つといい

$$R(a, b)$$

と表す．また $R$ が直積 $A \times A$ の部分集合であれば，$R$ を集合 $A$ 上の関係という．

6 章 6.2 の 2 変数述語 $P(x, y)$ と関係 $R(a, b)$ とは，同じことを指している．

［例 2.4］ $D = \{a, b, c\}$ であり，関係 $R = \{(a, b), (a, c), (b, c)\}$ であれば，$R(x, y)$ は《$x$ は $y$ よりアルファベット順で若い》ということを表す述語である．

自然数の集合を $N$ と表す．

$$N = \{1, 2, \cdots\}$$

本書では，0 は自然数に属さないものとする．

整数の集合を $Z$ と表す．

$$Z = \{\cdots, -2, -1, 0, 1, 2, \cdots\}$$

有理数の集合を $Q$ と表す．

$$Q = \{x \mid x = a/b,\ a \in Z,\ b \in N\}$$

要素の重複は除かれるものとする．したがって有理数の集合を直積 $Z \times N$ と見なすことにはちょっと無理がある．

実数の集合を $R$ と表す．
複素数の集合を $C$ と表す．

$$C = \{x \mid x = a + bi,\ a \in R,\ b \in R\}$$

複素数の集合は直積 $R \times R$ である.

3次元空間を $R^3$ と表す.
$$R^3 = \{(x, y, z) | x \in R, y \in R, z \in R\}$$

3次元空間は直積 $R \times R \times R$ である.

### 〈2章問題〉

**2.1** $A \subseteq B$ であるとして，次の式を証明せよ.

$$A \cap C \subseteq B \cap C \tag{1}$$
$$A \cup C \subseteq B \cup C \tag{2}$$
$$A \times C \subseteq B \times C \tag{3}$$
$$A \cup (B \cap C) \subseteq (A \cup C) \cap B \tag{4}$$

**2.2** 次の式を証明せよ.

$$A \times (B \cap C) = (A \times B) \cap (A \times C) \tag{5}$$
$$A \times (B \cup C) = (A \times B) \cup (A \times C) \tag{6}$$

# 3 命題論理（I）：意味論

論理学（logic）は，人がものごとを考えるときの思考法の基礎となるものである．本章では，**記号論理学**（symbolic logic）あるいは**形式論理学**（formal logic）と呼ばれるものを扱う．

記号論理学をそれだけで完結した体系の理論として扱う立場と，日常論理とのつながりを保ちつつ解説していく立場があるが，本書では後者の立場をとって進めることにする．

## 3.1 基本命題と論理記号

［例 3.1］ 父が子供に「試験に受かったら車を買ってあげよう」といったとする．これは1つの文である．しかし，この文は「'試験に受かる'ならば'車を買う'」と分析できる．すると，'試験に受かる'，'車を買う'もこれまた文である．'試験に受かる'を $p$ で表し，'車を買う'を $q$ で表し，さらに'ならば'を $\to$ で表すならば，「試験に受かったら車を買ってあげよう」は $p \to q$ と（いう式で）表すことができる．本章では，このように作られる式について議論する．

**基本命題**（基本論理式，原子論理式，atomic formula）は，ひとつの文であり，それ以上細かく議論しないとされたものである．基本命題は記号によって $p, q, r, \ldots$ のように表される．

［例 3.2］「1日は24時間である」を $p$ で表し，「太陽は西から昇る」を $q$ で表す．

**論理記号**（logical connective）として，$\wedge, \vee, \neg, \to, \leftrightarrow, =$ などがあ

表 3.1 論理記号

| 論理記号 | 名　前 | 論理式中の読み方 |
|---|---|---|
| ∧ | 連言, 論理積, conjunction, and | $p \wedge q : p$ かつ $q$, $p$ and $q$ |
| ∨ | 選言, 論理和, disjunction, or | $p \vee q : p$ または $q$, $p$ or $q$ |
| ¬ | 否定, negation, not | $\neg p : p$ でない, not $p$ |
| → | 含意, implication | $p \to q : p$ ならば $q$ である, if $p$ then $q$ |
| ↔ | 同値, equivalence | $p \leftrightarrow q : p$ は $q$ と同値である, $p$ is equivalent to $q$ |
| = | 同等, equality | $p = q : p$ は $q$ に等しい, $p$ is equal to $q$ |

表 3.2 論理記号の真理値表

| $p$ | $q$ | $p \wedge q$ | $p \vee q$ | $p \to q$ | $p \leftrightarrow q$ | $p = q$ |
|---|---|---|---|---|---|---|
| T | T | T | T | T | T | T |
| T | F | F | T | F | F | F |
| F | T | F | T | T | F | F |
| F | F | F | F | T | T | T |

| $p$ | $\neg p$ |
|---|---|
| T | F |
| F | T |

る．これを表 3.1 に示す．また補助記号として括弧（　）がある．論理変数と論理記号を組み合わせて**論理式**（logical formula）を作る．基本命題と論理記号を組み合わせてできる論理式を**命題論理式**（propositional formula）という．また，論理式は，基本命題に対して，**合成命題**（compound proposition）ともいう．命題論理式の取扱いを**命題論理**（propositional logic）といい，本章ではこれについて議論する．

$p \to q$ において，$p$ を**前件**（antecedent）または条件，$q$ を**後件**（consequent）と呼ぶ．

基本命題および論理式は値をとる．この値を**真理値**（truth value）という．真理値は，真（true）**T** または偽（false）**F** である．また，**T**, **F** は**論理定数**（logical constant）でもある．

1 つの論理記号を用いた論理式の値は，**真理値表**（真理表，truth table）によって定義される．これを表 3.2 に示す．

[例 3.3] 現実に照らし合わせれば，例 3.2 で，$p = \mathsf{T}$, $q = \mathsf{F}$ である．
$\neg p \to q$ は論理式であり，$p, q$ は例 3.2 によるとすると，$\neg p \to q$ は「1 日が 24 時間でないならば，太陽は西から昇る」を表す．

## 3.2 論 理 式

前節で論理式について垣間見たが，ここでは改めて論理式を明確に定義する．

命題論理式の定義：
(1) 基本命題 $p, q, r, \cdots$ は論理式である．
(2) $F$ が論理式であるとき，$\neg F$ も論理式である．
(3) $F, G$ が論理式であるとき，$F \wedge G$, $F \vee G$, $F \to G$ も論理式である．

上記の定義によって得られる式だけが論理式である．
このような形式的な定義によって構成される体系を，**形式的体系**（formal system）という．

$F, G, p, q, \cdots$ は，**論理変数**（論理変項，logical variable）である．

論理記号 $\leftrightarrow$ は，$\wedge$ と $\to$ から導かれるので，上の定義には現れない．
$$p \leftrightarrow q = (p \to q) \wedge (q \to p)$$
$\wedge$ と $\vee$ も，$\neg$ と $\to$ から導けるので，上の定義に現れなくてもよい．
$$p \wedge q = \neg(p \to \neg q), \quad p \vee q = \neg p \to q$$

論理記号には優先順位があり，高い方から $\neg$ $\wedge$ $\vee$ $\to$ $\leftrightarrow$ $=$ となっている．また，優先順序を示すために適宜（ ）を用いる．

$p \wedge y$ の代わりに $p \cdot y$, $p \,\&\, y$ と；$p \vee y$ の代わりに $p + y$, $p | y$ と；$\neg p$ の代わりに $\sim p$, $\bar{p}$, $-p$ と表記されることもある．

アドバイス：$\wedge$ と $\vee$ が混在しているときには，必ず（ ）を使うことを勧める．

## 3.3 論理式の解釈

論理式の**解釈**（interpretation）とは，論理式に現れる基本命題に真偽を割り当て，それに対して論理式の真偽を決定することをいう．

表 3.3 式 $F = \neg\{(\neg p \to q) \to (p \wedge r)\}$ の解釈

| $p$ | $q$ | $r$ | $\neg p$ | $\neg p \to q$ | $p \wedge r$ | $(\neg p \to q) \to (p \wedge r)$ | $\neg\{(\neg p \to q) \to (p \wedge r)\}$ |
|---|---|---|---|---|---|---|---|
| T | T | T | F | T | T | T | F |
| T | T | F | F | T | F | F | T |
| T | F | T | F | T | T | T | F |
| T | F | F | F | T | F | F | T |
| F | T | T | T | T | F | F | T |
| F | T | F | T | T | F | F | T |
| F | F | T | T | F | F | T | F |
| F | F | F | T | F | F | T | F |

[例 3.4] $F = \neg\{(\neg p \to q) \to (p \wedge r)\}$

この例の場合，3つの基本命題があるので，8通りの解釈があるということになる．これを表 3.3 に示す．

　　　論理式 $F$ と $G$ に現れるあらゆる基本命題の真偽の組合せに対して $F$ と $G$ の真偽がまったく等しいとき，$F = G$ と表現する．$\leftrightarrow$ と $=$ は，論理的には同等であるが，文脈に従って使い分ける．

表 3.3 の上欄に現れる論理式 $p, q, r, \neg p, \neg p \to q, p \wedge r, (\neg p \to q) \to (p \wedge r), \neg\{(\neg p \to q) \to (p \wedge r)\}$ は，論理式 $F$ の **部分論理式** (subformula) と呼ばれる．

[例 3.5] $p = \mathsf{T}, q = \mathsf{F}$ であるとき，$\neg p \to q = \mathsf{T}$ となる．したがって，現実に照らせば，例 3.2 の「1日が24時間でないならば，太陽は西から昇る」は真である．

[例 3.6] 例 3.1 で，$p, q$ の真偽が事実によって決まるとすれば，試験に受かり車を買わない場合のみ $p \to q$ は $\mathsf{F}$ となる．試験に受かり車を買う，試験に受からず車を買わない，試験に受からず車を買う の場合は $\mathsf{T}$ である．

## 3.4　論理式の変形

真理値表より下記の論理式が導かれる．

$F \wedge G = G \wedge F$ 　　　　　　交換法則　　　　(3.1a)

$F \vee G = G \vee F$ 　　　　　　(commutative law) 　(3.1b)

## 3.4 論理式の変形

$$F \wedge (G \wedge H) = (F \wedge G) \wedge H \qquad \text{結合法則} \qquad (3.2\text{a})$$
$$F \vee (G \vee H) = (F \vee G) \vee H \qquad \text{(associative law)} \qquad (3.2\text{b})$$

式 (3.2a), (3.2b) は，それぞれ $F \wedge G \wedge H$, $F \vee G \vee H$ と書くことができる.

$$F \wedge (G \vee H) = (F \wedge G) \vee (F \wedge H) \qquad \text{分配法則} \qquad (3.3\text{a})$$
$$F \vee (G \wedge H) = (F \vee G) \wedge (F \vee H) \qquad \text{(distributive law)} \qquad (3.3\text{b})$$
$$F \wedge (F \vee G) = F \qquad \text{吸収法則} \qquad (3.4\text{a})$$
$$F \vee (F \wedge G) = F \qquad \text{(absorptive law)} \qquad (3.4\text{b})$$
$$F \wedge \mathbf{F} = \mathbf{F} \qquad (3.5\text{a})$$
$$F \vee \mathbf{F} = F \qquad (3.5\text{b})$$
$$F \wedge \mathbf{T} = F \qquad (3.6\text{a})$$
$$F \vee \mathbf{T} = \mathbf{T} \qquad (3.6\text{b})$$
$$\neg \neg F = F \qquad \text{二重否定の法則} \qquad (3.7)$$
$$\text{(law of double negation)}$$
$$F \wedge F = F \qquad \text{べき(冪)等法則} \qquad (3.8\text{a})$$
$$F \vee F = F \qquad \text{(idempotent law)} \qquad (3.8\text{b})$$
$$F \wedge \neg F = \mathbf{F} \qquad \text{矛盾律} \qquad (3.9\text{a})$$
$$\text{(law of contradiction)}$$
$$F \vee \neg F = \mathbf{T} \qquad \text{排中律} \qquad (3.9\text{b})$$
$$\text{(law of excluded middle)}$$
$$\neg (F \wedge G) = \neg F \vee \neg G \qquad \text{ド・モルガンの法則} \qquad (3.10\text{a})$$
$$\neg (F \vee G) = \neg F \wedge \neg G \qquad \text{(de Morgan's law)} \qquad (3.10\text{b})$$

また，以下の式は分配法則から導かれるものであるが，よく使われる.

$$(F \wedge G) \vee \neg F = G \vee \neg F \qquad (3.11\text{a})$$
$$(F \vee G) \wedge \neg F = G \wedge \neg F \qquad (3.11\text{b})$$

また，次の式は $\to$ を除去するのによく使われる.

$$F \to G = \neg F \vee G \qquad (3.12)$$

［例 3.7］
$$p \leftrightarrow q = (p \to q) \wedge (q \to p) = (\neg p \vee q) \wedge (\neg q \vee p)$$

$$= \{(\neg p \vee q) \wedge \neg q\} \vee \{(\neg p \vee q) \wedge p\}$$
$$= (\neg p \wedge \neg q) \vee (\underline{q \wedge \neg q}) \vee (\underline{\neg p \wedge p}) \vee (q \wedge p)$$
$$= (p \wedge q) \vee (\neg p \wedge \neg q)$$

$\underline{p \vee \neg p}$, $\underline{q \wedge \neg q}$ のように，……は **T**, ＿＿は **F** である部分論理式を示す．

## 3.5　論理式の標準形

論理式の見通しをよくするために，論理式を標準形に変形する．標準形には次の2種がある．

(1) **選言標準形**（論理和標準形，加法標準形，積和標準形，disjunctive normal form）

(2) **連言標準形**（論理積標準形，乗法標準形，和積標準形，conjunctive normal form）

まず，リテラル，節，連言節，選言節，選言標準形，連言標準形を定義する．

---

**命題論理式の標準形の定義：**
基本命題を $p$ とすると $p$ または $\neg p$ を **リテラル** (literal) という．
　**節** (clause) として，**連言節** (conjunctive clause) と **選言節** (disjunctive clause) を定義する．
連言節は，1つのリテラル，または2つ以上のリテラルを $\wedge$ でつないだもの．
$$F_i = L_{i1} \wedge L_{i2} \wedge \cdots \wedge L_{im} (m \geq 1) \quad L_{i1}, L_{i2}, \cdots, L_{im} はリテラル$$
選言節は，1つのリテラル，または2つ以上のリテラルを $\vee$ でつないだもの．
$$G_i = L_{i1} \vee L_{i2} \vee \cdots \vee L_{im} (m \geq 1) \quad L_{i1}, L_{i2}, \cdots, L_{im} はリテラル$$
　選言標準形，連言標準形は，以下のように定義される．
選言標準形は，1つの連言節，または2つ以上の連言節を $\vee$ でつないだもの．
$$F = F_1 \vee F_2 \vee \cdots \vee F_n \quad (n \geq 1)$$
連言標準形は，1つの選言節，または2つ以上の選言節を $\vee$ でつないだもの．
$$G = G_1 \wedge G_2 \wedge \cdots \wedge G_n \quad (n \geq 1)$$

---

いかなる命題論理式も，等価な選言標準形および連言標準形に変形できる．そのアルゴリズムを以下に示す．

**標準形変形アルゴリズム：**

(step 1)　$\to, \leftrightarrow$ を除去する．

$$F \to G = \neg F \vee G$$
$$F \leftrightarrow G = (F \to G) \wedge (G \to F) = (\neg F \vee G) \wedge (\neg G \vee F)$$
$$= (F \wedge G) \vee (\neg F \wedge \neg G)$$

(step 2)　否定記号を基本命題の直前に持ってくる．

$$\neg(\neg p) = p \quad \neg(p \wedge q) = \neg p \vee \neg q \quad \neg(p \vee q) = \neg p \vee \neg q$$

(step 3)　分配法則を用いて選言標準形，連言標準形を作る．

$$p \wedge (q \vee r) = (p \wedge q) \vee (p \wedge r) \quad p \vee (q \wedge r) = (p \vee q) \wedge (p \vee r)$$

(step 4)　通常さらに簡約する．これについては4章を参照してほしい．

**[例3.8]**

$$p \to q = \neg p \vee q \quad \cdots \text{これは，選言標準形でもあり，連言標準形でもある．}$$
$$p \leftrightarrow q = (p \to q) \wedge (q \to p) = (\neg p \vee q) \wedge (p \vee \neg q) \quad \cdots \text{連言標準形}$$
$$= (p \wedge q) \vee (\neg p \wedge \neg q) \quad \cdots \text{選言標準形}$$
$$p \leftrightarrow (q \wedge r) = \{p \wedge (q \wedge r)\} \vee \{\neg p \wedge \neg(q \wedge r)\} = (p \wedge q \wedge r) \vee \{\neg p \wedge (\neg q \vee \neg r)\}$$
$$= (A) = (p \wedge q \wedge r) \vee (\neg p \wedge \neg q) \vee (\neg p \wedge \neg r) \quad \cdots \text{選言標準形}$$
$$(A) = \{(p \wedge q \wedge r) \vee \neg p\} \wedge \{(p \wedge q \wedge r) \vee (\neg q \vee \neg r)\}$$
$$= \{(p \vee \neg p) \wedge (q \vee \neg p) \wedge (r \vee \neg p)\}$$
$$\wedge \{(p \vee \neg q \vee \neg r) \wedge (q \vee \neg q \vee \neg r) \wedge (r \vee \neg q \vee \neg r)\}$$
$$= (\neg p \vee q) \wedge (\neg p \vee r) \wedge (p \vee \neg q \vee \neg r) \quad \cdots \text{連言標準形}$$

**[例3.9]**　例3.4の論理式を標準形にする．

$$F = \neg\{(\neg p \to q) \to (p \wedge r)\} = \neg\{(p \vee q) \to (p \wedge r)\} = \neg\{\neg(p \vee q) \vee (p \wedge r)\}$$
$$= (p \vee q) \wedge \neg(p \wedge r) = (p \vee q) \wedge (\neg p \vee \neg r) \quad \cdots \text{連言標準形}$$
$$= \{p \wedge (\neg p \vee \neg r)\} \vee \{q \wedge (\neg p \vee \neg r)\}$$
$$= (\underline{p \wedge \neg p}) \vee (p \wedge \neg r) \vee (q \wedge \neg p) \vee (q \wedge \neg r)$$
$$= (p \wedge \neg r) \vee (\neg p \wedge q) \vee (q \wedge \neg r) \quad \cdots \text{選言標準形}$$

## 3.6　論理式の意味論

フレーゲ（Gottlob Frege, 1848〜1925, ドイツの数学者）の原理によれば，

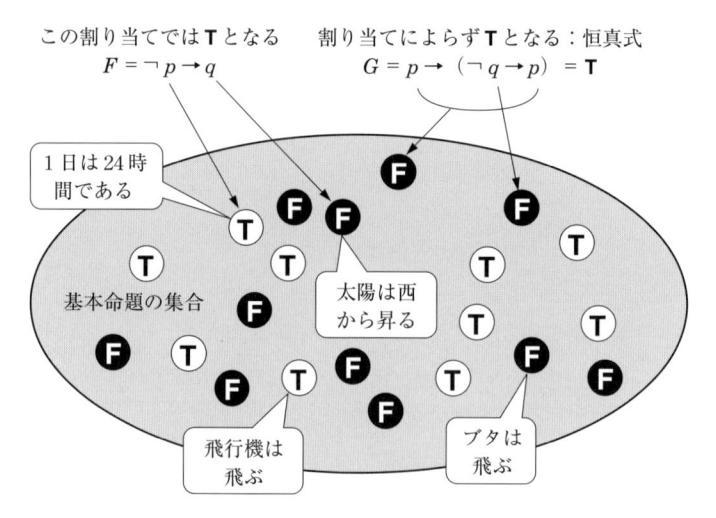

## 図3.1 命題論理式の意味論の概念図

この割り当てでは**T**となる
$F = \neg p \to q$

割り当てによらず**T**となる：恒真式
$G = p \to (\neg q \to p) = \mathbf{T}$

1日は24時間である

基本命題の集合

太陽は西から昇る

飛行機は飛ぶ

ブタは飛ぶ

複合文の意味は，それを構成する基本となる文の意味から，一定の手続きによって決定される．これによれば，ある論理式の意味とは，その論理式に現れる基本命題の真偽から導かれる論理式全体の真偽である ということができる．これを**意味論**（semantics）または**モデル理論**（model theory）と呼ぶ．

基本命題の集合 $D$ を**定義域**（domain）とする．この範囲内で論理式のもつ意味を考える．論理式の論理変数を定義域内の基本命題に割り当て，基本命題の真偽から論理式の真偽を論じる．1つの割り当てが1つの解釈である．これを図3.1に示す．

[**例 3.10**] $D = \{a: 1$ 日は 24 時間である, $b:$ 太陽は西から昇る$\}$, $F = \neg p \to \neg q$, $a = \mathbf{T}$, $b = \mathbf{F}$ であるとする．$p$ に $a$, $q$ に $b$ を割り当てれば，$F$ は「1日が24時間でないならば，太陽は西から昇らない」という文になり，それは真である．また，$p$ に $b$, $q$ に $a$ を割り当てれば，$F$ は「太陽は西から昇らないならば，1日は24時間でない」という文になり，それは偽である．

論理式のあるものは，それを構成する基本命題の真偽にかかわらず，常に真偽が変わらない．

[**例 3.11**]　$p \land \neg p$　　$p \lor \neg p$　　$\{(p \to q) \land (q \to r)\} \to (p \to r)$

3.7 論理的帰結

```
          矛盾式            │    トートロジー
          恒偽式            │      妥当式
    ├──────────┼──────────────────────┤ 恒真式
    ├─ ─ ─ ─ ─ ┼──────────────────────┼─ ─ ─ ─ ─ ┤
         充足不能式        │        充足可能式
```

図 3.2 論理式の充足

常に真である論理式を，**恒真式**，**妥当式**（valid formula），**トートロジー**（tautology）という．常に偽である論理式を，**恒偽式**，**矛盾式**（inconsistent formula, contradiction），**充足不能式**（unsatisfiable formula）という．また，基本命題の真偽によって真となりうる論理式を，**充足可能式**（satisfiable formula）という．これらの関係を図 3.2 に示す．

以下では，恒真式や恒偽式が重要性をもってくる．

## 3.7 論理的帰結

[**例 3.12**] 子供または高齢者は割引される．（彼は）割引がきかない．この 2 つから，（彼は）子供でない ということがいえると我々は考える．子供であるを $c$，高齢者であるを $s$，割引がきくを $d$ の基本命題で表すと，上記の事項は，$(c \lor s) \to d$ および $\neg d$ が成り立つならば $\neg c$ が成り立つということである．これを，$(c \lor s) \to d$ および $\neg d$ から $\neg c$ が導かれるといいかえてもよい．このことを詳しくみていこう．

論理式 $F_1, F_2, \cdots, F_n$ から論理式 $G$ を導くことを考える．

$G$ が論理式 $F_1, F_2, \cdots, F_n$ からの**論理的帰結**（logical consequence）であるとは，$F_1 \land F_2 \land \cdots \land F_n$ が真である解釈 $I$ で $G$ も真となることであると定義される．

**定理 3.1** 論理式 $F_1, F_2, \cdots, F_n$ と $G$ について

$$F_1 \land F_2 \land \cdots \land F_n \to G \tag{1}$$

が恒真であるとき，$G$ は $F_1, F_2, \cdots, F_n$ からの論理的帰結である．その逆も成り立つ．

（証明）
式 (1) の否定をとると

$$\neg(F_1 \land F_2 \land \cdots \land F_n \to G) = \neg\{\neg(F_1 \land F_2 \land \cdots \land F_n) \lor G\}$$

$$= F_1 \land F_2 \land \cdots \land F_n \land \neg G \qquad (2)$$

式 (1) が恒真であることと，式 (2) が恒偽であることとは同値である．式 (2) が恒偽であるためには，$F_1 \land F_2 \land \cdots \land F_n$ が真であれば，$\neg G$ が偽でなければならない，すなわち $G$ が真でなければならない．これより，論理的帰結の定義によって，順が証明された．逆は，論理的帰結の定義より明らかである．

[**例 3.13**] $F_1 = P \to Q$, $F_2 = P$, $G = Q$ とし，$G$ が $F_1, F_2$ からの論理的帰結であることを示そう．まず恒真性による証明を行うと

$F_1 \land F_2 \to G = \{(P \to Q) \land P\} \to Q = \{(\neg P \lor Q) \land P\} \lor Q$
$= \neg\{(\neg P \lor Q) \lor \neg P\} \lor Q = \{\neg(\neg P \lor Q) \lor \neg P\} \lor Q = \{(P \land \neg Q) \lor \neg P\} \lor Q$
$= (P \land \neg Q) \lor \neg P \lor Q = \neg Q \lor \neg P \lor Q = \mathsf{T}$ |

恒偽性による証明を行うと

$F_1 \land F_2 \land \neg G = (P \to Q) \land P \land \neg Q = (\neg P \lor Q) \land P \land \neg Q = Q \land P \land \neg Q = \mathsf{F}$ |

　　実線の下線を施した論理式の部分は，組になって変形操作の対象となっていることを表す．

[**例 3.14**] 例 3.12 について $F_1 = (c \lor s) \to d$, $F_2 = \neg d$, $G = \neg c$ とし，$G$ が $F_1, F_2$ からの論理的帰結であることを示そう．まず恒真性による証明を行うと

$F_1 \land F_2 \land \to G = \{(c \lor s) \to d\} \land \neg d \to \neg c$
$\quad = \neg\{\{\neg(c \lor s) \lor d\} \land \neg d\} \lor \neg c = \neg\{\neg(c \lor s) \lor d\} \lor d \lor \neg c$
$\quad = \{(c \lor s) \land \neg d\} \lor d \lor \neg c = c \lor s \lor d \neg c = \mathsf{T}$ |

恒偽性による証明を行うと

$F_1 \land F_2 \land \neg G = \{(c \lor s) \to d\} \land \neg d \land \neg \neg c = \{\neg(c \lor s) \lor d\} \land \neg d \land c$
$\quad = \{(\neg c \land \neg s) \lor d\} \land \neg d \land c = \neg c \land \neg s \land \neg d \land c = \mathsf{F}$ |

[**例 3.15**] (1) 部屋に残れば焼死する．(2) 窓から飛び降りれば転落死する．(3) 部屋に残るか窓から飛び降りるかである．(1), (2), (3) の文から「(4) 焼死するか転落死するかである」を導け．

基本命題を $p$：部屋に残る，$q$：窓から飛び降りる，$r$：焼死する，$s$：転落死する とすると，(1), (2), (3), (4) の文はそれぞれ (1) $F_1 = p \to r$，(2) $F_2 = q \to s$，(3) $F_3 = p \lor q$，(4) $G = r \lor s$ と表される．恒偽性による証明を行うと

$F_1 \land F_2 \land F_3 \land \neg G = (p \to r) \land (q \to s) \land (p \lor q) \land \neg(r \lor s)$
$= (\neg p \lor r) \land (\neg q \lor s) \land (p \lor q) \land \neg r \land \neg s = \neg p \land \neg r \land \neg q \land \neg s \land (p \lor q)$

$$= \neg p \land \neg r \land \neg q \land \neg s \land q = \mathbf{F}$$

〈3章問題〉

**3.1** 次の論理式を連言標準形および選言標準形に変換せよ．それぞれできるだけ簡約せよ．

$$\neg((p \lor q) \to (q \land \neg r)) \qquad (1)$$

$$(p \land q) \leftrightarrow r \qquad (2)$$

**3.2** 以下の設問 (a), (b), (c) に答えよ．

(a) 次の論理式 (3), (4) についてそれぞれ真理値表を作成して，それらが恒真式であることを示せ．ただし，真理値表においては式中の各論理記号それぞれについて評価すること．

$$(p \land (q \lor r)) \to ((p \land q) \lor r) \qquad (3)$$

$$(p \to (q \to r)) \to ((p \to q) \to (p \to r)) \qquad (4)$$

(b) 次の論理式 (5), (6) を選言標準形に変形せよ．

$$(p \land (q \lor r)) \to ((s \land t) \lor u) \qquad (5)$$

$$(p \to (q \to r)) \to ((s \to t) \to (s \to u)) \qquad (6)$$

(c) 設問 (b) の結果を用い，$s, t, u$ にそれぞれ $p, q, r$ を代入しさらに式を変形することによって，式 (3) および (4) が恒真式であることを示せ．

**3.3** 以下の文を読んで (a), (b) の設問に答えよ．

事件を調査していたホームズがいいました．「容疑者とされているのは A，B，C，D の 4 人だ．さらに…」

$F_1$：「A が犯人でなければ，B と C の両方が犯人だ」

$F_2$：「B または D が犯人であるならば，C は犯人ではない」

$F_3$：「A と D の両方が犯人であることはない」

そのとき，ワトソンがいいました．

$G$：「つまり，D は犯人ではないことになるね」

(a) A が犯人であるを $a$，B が犯人であるを $b$，C が犯人であるを $c$，D が犯人であるを $d$ の基本命題で表すとして，$F_1, F_2, F_3, G$ の文をこれらの基本命題を用いた論理式で表せ．

(b) $F_1, F_2, F_3$ より $G$ を導け．

## 記号論理学の歴史

　論理学は，中世ヨーロッパでは神学の一部として発展した．当時の公用語であるラテン語で議論が行われたため，modus ponens（5.1節参照）というような処理手順を呼ぶ用語が用いられた．論理学は，神の存在を論理的に証明することを究極の目的としていた．アンセルムス（Anselmus Cantuariensis, 1033～1109）による神の存在の証明は大略以下のようである．
1. 神は，それより偉大なものが考えられないような何かである．
2. 存在するものの方が，存在しないものより偉大であると考えられる．
3. 神が存在しないとすれば，それと同じで存在するものとして神より偉大なものが考えられる．これは1.の仮定に反する．
4. したがって神は存在する．

読者はこの証明に納得されるであろうか．

　さて，近代の記号論理学の発展は，フレーゲ（Gottlob Frege, 1848～1925, ドイツの数学者）に負うところが大きい．記号論理学はいかなるものであろうか．

　われわれは小学校で算数（arithmetic）を学び，鶴亀算のような問題の解法を覚えた．中学校に入って数学の一部である代数（algebra）を学んだ．代数では，$a, b, x, y$のような記号（変数，variable）を数の代わりに用いて式を立て，式の変形を行い，必要ならば変数の数値を求めた．応用問題では，未知の数を変数として（記号を用いて）方程式を立てれば，方程式の解法はもはや応用問題に依存せず形式的に（機械的に）進められることを学んだ．

　（記号論理学でない）論理学と記号論理学の関係は，算数と代数の関係に似ている．記号論理学では，ものごとの思考を論理変数などの記号を使ってできるだけ形式的に取り扱おうとするものである．例3.15などの論理的帰結の導出はその実例である．

# 4 ブール代数

**ブール代数**（Boolean algebra）は，19世紀のイギリスの数学者 George Boole（1815～1864）が論理演算の体系として考案したものであるが，今日ではより一般的な代数構造に包括されている．それについては 4.1 節で簡単に触れる．

ブール代数のうち，2値ブール代数は，近年は電子計算機の論理回路設計の基本ツールとして，また情報検索に用いる論理として重要性が認識されている．

命題論理と2値ブール代数とは，実際上同一のものと考えてよい．歴史的には，命題論理は論理学者が展開してきたのに対して，ブール代数は情報処理者や論理回路設計者が利用してきた．それゆえ，同じ概念でも異なる用語を用いることが多い．

本章では，2値ブール代数を取り上げ，命題論理と重複するところも記述し，初歩的な論理回路設計に結び付ける．

## 4.1 ブール代数とは何か

一般のブール代数は，代数構造 $(X, \vee, \wedge, \neg, 0, 1)$ として定義される．ここで $X$ はある集合（束）であり，$0 \in X$，$1 \in X$，$0$ は $X$ の最小要素，$1$ は $X$ の最大要素である．そして $x \in X$，$y \in X$，$z \in X$ について次の条件を満たすものである．

> **ブール代数の条件：**
> （ⅰ）　$x \vee y = y \vee x$, $x \wedge y = y \wedge x$, すなわち交換法則が成り立つこと．
> （ⅱ）　$x \vee (y \wedge z) = (x \vee y) \wedge (x \vee z)$, $x \wedge (y \vee z) = (x \wedge y) \vee (x \wedge z)$, すなわち分配法則が成り立つこと．
> （ⅲ）　$x \vee 0 = x$, $x \wedge 1 = x$
> （ⅳ）　$x \vee \neg x = 1$, $x \wedge \neg x = 0$

[**例 4.1**]　$(\mathcal{P}(A), \cup, \cap, {}^c, \phi, A)$ はブール代数である．

**2 値集合** (binary set) $B$ は，$B = \{0, 1\}$ と定義される．2 値集合上で定義されるブール代数 $(B, \vee, \wedge, \neg, 0, 1)$ を **2 値ブール代数** (binary Boolean algebra) ということにする．以下では，2 値ブール代数について議論することにする．

## 4.2　2 値ブール代数

2 値ブール代数を改めて定義する．

値を示す定数（constant）は，0 または 1 である．

値を記号で表すものを変数（variable）といい，$A, B, C, x, y, z$ などを用いる．

演算子（operator）として，$\vee, \wedge, \neg$ を用いる．

$\wedge$ は二項演算子であり，論理積，and と呼ばれる．$x \wedge y$ のように表記される．

　　　$x \wedge y$ は，$x \cdot y$, $x \& y$ と表記されることもある．

$\vee$ は二項演算子であり，論理和，or と呼ばれる．$x \vee y$ のように表記される．

　　　$x \vee y$ は，$x + y$, $x | y$ と表記されることもある．

$\neg$ は単項演算子であり，否定，not と呼ばれる．$\neg x$ のように表記される．

　　　$\neg x$ は，$\sim x$, $\bar{x}$, $-x$, $x'$ と表記されることもある．

演算子による演算は，真理値表（真理表，truth table）によって定義される．

## 4.2 2値ブール代数

**表 4.1** 2値ブール代数の演算子の真理値表

| $A$ | $B$ | $A \wedge B$ | $A \vee B$ |
|---|---|---|---|
| 0 | 0 | 0 | 0 |
| 0 | 1 | 0 | 1 |
| 1 | 0 | 0 | 1 |
| 1 | 1 | 1 | 1 |

| $A$ | $\neg A$ |
|---|---|
| 0 | 1 |
| 1 | 0 |

下記の式が成り立つ.

$$A \wedge B = B \wedge A \qquad \text{交換法則} \qquad (4.1\text{a})$$
$$A \vee B = B \vee A \qquad \text{(commutative law)} \qquad (4.1\text{b})$$
$$A \wedge (B \wedge C) = (A \wedge B) \wedge C \qquad \text{結合法則} \qquad (4.2\text{a})$$
$$A \vee (B \vee C) = (A \vee B) \vee C \qquad \text{(associative law)} \qquad (4.2\text{b})$$
$$A \wedge (B \vee C) = (A \wedge B) \vee (A \wedge C) \qquad \text{分配法則} \qquad (4.3\text{a})$$
$$A \vee (B \wedge C) = (A \vee B) \wedge (A \vee C) \qquad \text{(distributive law)} \qquad (4.3\text{b})$$
$$A \wedge (A \vee B) = A \qquad \text{吸収法則} \qquad (4.4\text{a})$$
$$A \vee (A \wedge B) = A \qquad \text{(absorptive law)} \qquad (4.4\text{b})$$
$$A \wedge 0 = 0 \qquad (4.5\text{a})$$
$$A \vee 0 = A \qquad (4.5\text{b})$$
$$A \wedge 1 = A \qquad (4.6\text{a})$$
$$A \vee 1 = 1 \qquad (4.6\text{b})$$
$$\neg \neg A = A \qquad \text{二重否定の法則 (law of double negation)} \qquad (4.7)$$
$$A \wedge A = A \qquad \text{べき(冪)法則} \qquad (4.8\text{a})$$
$$A \vee A = A \qquad \text{(idempotent law)} \qquad (4.8\text{b})$$
$$A \wedge \neg A = 0 \qquad (4.9\text{a})$$
$$A \vee \neg A = 1 \qquad (4.9\text{b})$$
$$\neg (A \wedge B) = \neg A \vee \neg B \qquad \text{ド・モルガンの法則} \qquad (4.10\text{a})$$
$$\neg (A \vee B) = \neg A \wedge \neg B \qquad \text{(de Morgan's law)} \qquad (4.10\text{b})$$
$$A = B \text{ かつ } B = C \text{ ならば } A = C \quad \text{推移法則(transitive law)} \quad (4.11)$$
$$A = B \text{ ならば } \neg A = \neg B \qquad (4.12)$$
$$A = B \text{ ならば } A \vee C = B \vee C \qquad (4.13\text{a})$$
$$A = B \text{ ならば } A \wedge C = B \wedge C \qquad (4.13\text{b})$$

$A \wedge B = A \vee B$ ならば $A = B$ (4.14)

$A \wedge B = A \wedge C$ かつ $A \vee B = A \vee C$ ならば $B = C$ (4.15)

$A \wedge B = A \wedge C$ かつ $\neg A \wedge B = \neg A \wedge C$ ならば $B = C$ (4.16a)

$A \vee B = A \vee C$ かつ $\neg A \vee B = \neg A \vee C$ ならば $B = C$ (4.16b)

このように，ある式が成り立てば，その式の $\wedge$ と $\vee$ を入れ替えてできる式も成り立つことを，**双対的**（dual）であるといい，そのような性質を**双対性**（duality）という．

演算記号には優先順位があり，高い方から $\neg$ $\wedge$ $\vee$ $=$ となっている．また，優先順序を示すために（ ）を適宜用いる．

$\wedge$ と $\vee$ が混在しているときには，必ず（ ）を使うことを勧める．

## 4.3 ブール論理式

ブール変数と論理記号から成る式を**ブール論理式**（Boolean logical formula），または単に論理式という．

ブール論理式に現れる各ブール変数の値が与えられたときに，式の値を計算することを**式の評価**（evaluation of formula）という．

[例 4.2] 式 $F = \neg[\{y \vee \neg(x \vee z)\} \wedge (\neg y \vee z)]$ の評価を行う．（表 4.2）

表 4.2 式 $F = \neg[\{y \vee \neg(x \vee z)\} \wedge (\neg y \vee z)]$ の評価

| $x$ | $y$ | $z$ | $x \vee z$ | $\neg(x \vee z)$ | $y \vee \neg(x \vee z)$ | $\neg y$ | $\neg y \vee z$ | $\{y \vee \neg(x \vee z)\} \wedge (\neg y \vee z)$ | $F$ |
|---|---|---|---|---|---|---|---|---|---|
| 0 | 0 | 0 | 0 | 1 | 1 | 1 | 1 | 1 | 0 |
| 0 | 0 | 1 | 1 | 0 | 0 | 1 | 1 | 0 | 1 |
| 0 | 1 | 0 | 0 | 1 | 1 | 0 | 0 | 0 | 1 |
| 0 | 1 | 1 | 1 | 0 | 1 | 0 | 1 | 1 | 0 |
| 1 | 0 | 0 | 1 | 0 | 0 | 1 | 1 | 0 | 1 |
| 1 | 0 | 1 | 1 | 0 | 0 | 1 | 1 | 0 | 1 |
| 1 | 1 | 0 | 1 | 0 | 1 | 0 | 0 | 0 | 1 |
| 1 | 1 | 1 | 1 | 0 | 1 | 0 | 1 | 1 | 0 |

以上のことからわかるように，命題論理式における **F**，**T** を 0，1 に置き換えれば，命題論理式はブール論理式と等価である．

## 4.4 ブール関数

ブール変数を引数とし，0 または 1 の値を与える関数を**ブール関数**（Boolean function）という．

2つの引数をもつブール関数 $F = f(A, B)$ は，表 4.3 に示す 16 種に限られる．その中のいくつかは固有の名前をもつ．

表 4.3 2引数ブール関数

| 番号 | $A=0$ $B=0$ | $A=0$ $B=1$ | $A=1$ $B=0$ | $A=1$ $B=1$ | 関数名 | 論理式 ▨の部分はあらたな表記 |
|---|---|---|---|---|---|---|
| 1 | 0 | 0 | 0 | 0 | 0 | 0 |
| 2 | 0 | 0 | 0 | 1 | 論理積 AND | $A \wedge B$ |
| 3 | 0 | 0 | 1 | 0 |  | $B < A = \neg B \wedge A$ |
| 4 | 0 | 0 | 1 | 1 | $A$ | $A$ |
| 5 | 0 | 1 | 0 | 0 |  | $A < B = \neg A \wedge B$ |
| 6 | 0 | 1 | 0 | 1 | $B$ | $B$ |
| 7 | 0 | 1 | 1 | 0 | 排他的論理和 XOR | $A \oplus B$ ① |
| 8 | 0 | 1 | 1 | 1 | 論理和 OR | $A \vee B$ |
| 9 | 1 | 0 | 0 | 0 | 論理和の否定 NOR | $\neg(A \vee B) = \neg A \wedge \neg B$ |
| 10 | 1 | 0 | 0 | 1 | 等価 | $A \leftrightarrow B = \neg(A \oplus B)$ ② |
| 11 | 1 | 0 | 1 | 0 | $B$ の否定 | $\neg B$ |
| 12 | 1 | 0 | 1 | 1 | 含意 | $B \to A = B \leq A = \neg B \vee A$ |
| 13 | 1 | 1 | 0 | 0 | $A$ の否定 | $\neg A$ |
| 14 | 1 | 1 | 0 | 1 | 含意 | $A \to B = A \leq B = \neg A \vee B$ |
| 15 | 1 | 1 | 1 | 0 | 論理積の否定 NAND | $\neg(A \wedge B) = \neg A \vee \neg B$ |
| 16 | 1 | 1 | 1 | 1 | 1 | 1 |

表中の論理式では，ブール代数ではあまり使わない命題論理式の論理記号も準用した．

①$= (A \wedge \neg B) \vee (\neg A \wedge B) = (A \vee B) \wedge (\neg A \vee \neg B)$
　　XOR = exclusive or
②$= (A \wedge B) \vee (\neg A \wedge \neg B) = (A \vee \neg B) \wedge (\neg A \vee B)$

一般のブール関数を $p = f(z_1, x_2, \cdots, x_n)$ と表す．ブール関数の表し方について以下の方法を調べよう．

(1) 関数が論理式で与えられるとき，論理式を変形して標準形にする．
(2) 関数が真理値表で与えられるとき，それを論理式で表す．
(3) 関数を簡約された論理式で表す．

### (1) 関数を標準形の論理式で表す

ブール論理式の標準形は，命題論理式の標準形と同様に，選言標準形と連言標準形がある．その定義も命題論理式の場合と同様であるが，繰り返し簡単に述べる．

---
**ブール論理式の標準形：**

**リテラル** (literal) ブール変数を $x$ とすると $x$ または $\neg x$

　リテラルを $L_{i1}, L_{i2}, \cdots, L_{im}$ とすると，

**連言節** (conjunctive clause) 　$F_i = L_{i1} \wedge L_{i2} \wedge \cdots \wedge L_{im}$ 　$(m \geq 1)$

**選言節** (disjunctive clause) 　$G_i = L_{i1} \vee L_{i2} \vee \cdots \vee L_{im}$ 　$(m \geq 1)$

**選言標準形** (disjunctive normal form) 　$F = F_1 \vee F_2 \vee \cdots \vee F_n$ 　$(n \geq 1)$

**連言標準形** (conjunctive normal form) 　$G = G_1 \wedge G_2 \wedge \cdots \wedge G_n$ 　$(n \geq 1)$

---

標準形変形アルゴリズムについては，3.5 節で述べた命題論理式の標準形変形と同様である．簡約については，(3) で述べる．

[例 4.3] 例 4.2 の式を標準形に変形する．
$F = \neg[\{y \vee \neg(x \vee z)\} \wedge (\neg y \vee z)] = \neg\{y \vee \neg(x \vee z)\} \vee \neg(\neg y \vee z)$
$= \{\neg y \wedge (x \vee z)\} \vee (y \wedge \neg z) = (A) = (\neg y \wedge x) \vee (\neg y \wedge z) \vee (y \wedge \neg z)$
$= (x \wedge \neg y) \vee (y \wedge \neg z) \vee (\neg y \wedge z)$ 　…選言標準形

$(A) = \{\neg y \vee (y \wedge \neg z)\} \wedge \{(x \vee z) \vee (y \wedge \neg z)\}$
$= (\neg y \vee y) \wedge (\neg y \vee \neg z) \wedge (x \vee z \vee y) \wedge (x \vee z \vee \neg z)$
$= (\neg y \vee \neg z) \wedge (x \vee y \vee z)$ 　　　…連言標準形

　$\underline{\neg y \vee y}$, $\underline{x \wedge \neg x}$ のように，＿＿は 1，＿＿は 0 である部分論理式を示す．

### (2) 真理値表で与えられる関数を論理式で表現する

まず，**主選言標準形** (principal disjunction normal form) および**主連言標準形** (principal conjunction normal form) で表現する．

[例 4.4] $F = f(x, y, z)$ が表 4.4 の真理値表で与えられる．これを論理式

## 4.4 ブール関数

表 4.4 例 4.4 のブール関数の真理値表

| $x$ | $y$ | $z$ | $f(x,y,z)$ |
|---|---|---|---|
| 0 | 0 | 0 | 1 |
| 0 | 0 | 1 | 0 |
| 0 | 1 | 0 | 0 |
| 0 | 1 | 1 | 0 |
| 1 | 0 | 0 | 0 |
| 1 | 0 | 1 | 1 |
| 1 | 1 | 0 | 1 |
| 1 | 1 | 1 | 1 |

で表せ．

真理値表で与えられる関数を，主選言標準形，主連言標準形で表す方法を以下に示す．

---

**主選言標準形の作り方：**
（ⅰ）関数値が 1 である行を取り上げ，その各行について（ⅱ）を行う．
（ⅱ）行の各変数について，変数の値が 0 であれば ¬ をつけて，1 であればそのままでリテラルを作り，それらを ∧ でつないで連言節を作り（　）でくくる．
（ⅲ）（ⅱ）で作った連言節を ∨ でつなぐ．

**主連言標準形の作り方：**
（ⅰ）関数値が 0 である行を取り上げ，その各行について（ⅱ）を行う．
（ⅱ）行の各変数について，変数の値が 0 であればそのままで，1 であれば ¬ をつけてリテラルを作り，それらを ∨ でつないで選言節を作り（　）でくくる．
（ⅲ）（ⅱ）で作った選言節を ∧ でつなぐ．

---

この方法により，表 4.4 で与えられる関数を主選言標準形で表すと

$$F = (\neg x \land \neg y \land \neg z) \lor (x \land \neg y \land z) \lor (x \lor y \lor \neg z) \lor (x \land y \land z)$$

主連言標準形で表すと

$$F = (x \lor y \lor \neg z) \land (x \lor \neg y \lor z) \land (x \lor \neg y \lor \neg z) \land (\neg x \lor y \lor z)$$

### (3) 簡約する

**簡約**（contraction）とは，論理式をできるだけ簡単なものに変形することである．一般に，式中の変数の延べ出現数が最小になるように変形する．以下にいくつかの簡約の方法を述べる．

（ⅰ）**隣接節**（adjacent clause, 2つの節のうち1つのリテラル以外は同じである節）に分配法則を適用してまとめる．

$$(x \land y) \lor (x \land \neg y) = x \land (y \lor \neg y) = x \quad (x \lor y) \land (x \lor \neg y) = x \lor (y \land \neg y) = x$$

［例 4.5］ 例 4.4 の主選言標準形，主連言標準形について簡約を行う．

$$F = (\neg x \land \neg y \land \neg z) \lor (x \land \neg y \land z) \lor (x \land y \land \neg z) \lor (x \land y \land z)$$

$$= (\neg x \land \neg y \land \neg z) \lor (x \land z) \lor (x \land y)$$

$$F = (x \lor y \lor \neg z) \land (x \lor \neg y \lor z) \land (x \lor \neg y \lor \neg z) \land (\neg x \lor y \lor z)$$

$$= (x \lor \neg z) \land (x \lor \neg y) \land (\neg x \lor y \lor z)$$

［例 4.6］

$$F = (\neg x \land y \land \neg z) \lor (\neg x \land y \land z) \lor (x \land \neg y \land \neg z) \lor (x \land y \land \neg z)$$

$$= (\neg x \land y) \lor (x \land \neg z)$$

（⌣‿⌣ の隣接関係は使わなかった．）

（ⅱ）分配法則を適用する．

$$x \land (\neg x \lor y) = (x \land \neg y) \lor (x \land y) = x \land y$$

$$\neg x \land (x \lor y) = (\neg x \land x) \lor (\neg x \land y) = \neg x \land y$$

$$x \lor (\neg x \land y) = (x \lor \neg y) \land (x \lor y) = x \lor y$$

$$\neg x \lor (x \land y) = (\neg x \lor x) \land (\neg x \lor y) = \neg x \lor y$$

（ⅲ）吸収法則を適用する．

$$x \land (x \lor y) = x, \quad x \lor (x \land y) = x$$

（ⅳ）カルノー図を用いる．

**カルノー図**（ヴェイチ・カルノー図，Karnaugh map）は，4 変数までのブー

4.4 ブール関数

**表 4.5** 例 4.7 の真理値表

| $x$ | $y$ | $z$ | $u$ | $f(x,y,z,u)$ |
|---|---|---|---|---|
| 0 | 0 | 0 | 0 | 1 |
| 0 | 0 | 0 | 1 | 1 |
| 0 | 0 | 1 | 0 | 1 |
| 0 | 0 | 1 | 1 | 1 |
| 0 | 1 | 0 | 0 | 0 |
| 0 | 1 | 0 | 1 | 1 |
| 0 | 1 | 1 | 0 | 0 |
| 0 | 1 | 1 | 1 | 1 |
| 1 | 0 | 0 | 0 | 0 |
| 1 | 0 | 0 | 1 | 0 |
| 1 | 0 | 1 | 0 | 0 |
| 1 | 0 | 1 | 1 | 1 |
| 1 | 1 | 0 | 0 | 0 |
| 1 | 1 | 0 | 1 | 1 |
| 1 | 1 | 1 | 0 | 0 |
| 1 | 1 | 1 | 1 | 0 |

| $f(x,y,z,u)$ | | $x=0$ | | $x=1$ | |
|---|---|---|---|---|---|
| | | $y=1$ | $y=0$ | | $y=1$ |
| $z=0$ | $u=1$ | 1 | 1 | 0 | 1 |
| | $u=0$ | 0 | 1 | 0 | 0 |
| $z=1$ | $u=0$ | 0 | 1 | 0 | 0 |
| | $u=1$ | 1 | 1 | 1 | 0 |

**図 4.1** 表 4.5 の真理値表のカルノー図

ル関数の簡約を図解的に行うものである．

[**例 4.7**] 4 変数の真理値表を表 4.5 に示す．またそれをカルノー図で表したものを図 4.1 に示す．図中の関数値を示す 4×4 の枠内で，上下左右に隣接するコマどうしは隣接節の関係にある．また最下行のコマと最上行のコマ，最右列のコマと最左列のコマはそれぞれ隣接節の関係にある．

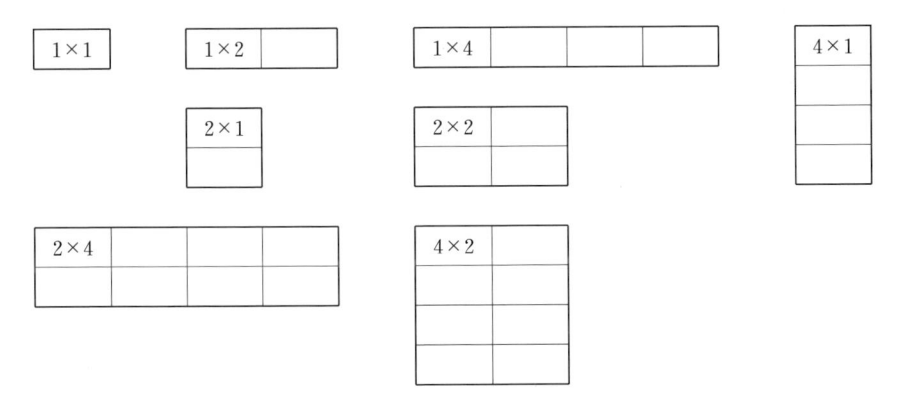

**図 4.2** カルノー図に用いるテンプレート

ちなみに，表 4.5 の真理値表で $f(x,y,z,u)$ は，2 進数 $xyzu_{(2)}$ が 0 または素数であれば 1，そうでなければ 0 の値をとるように定めたものである．

テンプレートとして図 4.2 に示すものを用意する．

カルノー図を用いて簡約された選言標準形，連言標準形を作るアルゴリズムを以下に示す．

---

**カルノー図を用いて簡約された標準形を作るアルゴリズム：**

選言標準形（連言標準形）の場合

（ⅰ）すべての 1（0）のコマをテンプレートで覆う．
  ・できるだけ大きいテンプレートを用いる．
  ・できるだけ少ない数のテンプレートで覆う．
  ・1 つのコマを 2 以上のテンプレートで重複して覆うことは可である．

（ⅱ）用いたテンプレートを連言節（選言節）に直し，それらを選言（連言）して選言標準形（連言標準形）とする．

（注 1）関数値の枠の最上辺は最下辺につながり（-·-·-·-·-），最左辺は最右辺につながる（∥）．

（注 2）（ⅰ）によるテンプレートの配置は 1 つとは限らない．したがって，最も簡約された標準形は 1 つとは限らない．

---

[**例 4.8**] 例 4.4 の真理値表を図 4.3 に示すカルノー図で表す．ここで，テンプレートを当てはめ，各テンプレートを節に直し，それらをつなぐことによって簡約された標準形ができあがる．

$f(x,y,z) = (\underline{x \wedge y}) \vee (\underline{x \wedge z}) \vee (\underline{\neg x \wedge \neg y \wedge \neg z})$ …簡約された選言標準形

$f(x,y,z) = (\underline{x \vee \neg y}) \wedge (\underline{x \vee \neg z}) \wedge (\underline{\neg x \vee y \vee z})$ …簡約された連言標準形

部分論理式の下線はカルノー図中のテンプレートに対応する．

| $f(x,y,z)$ | $x=0$ | | $x=1$ |
|---|---|---|---|
| | $y=1$ | $y=0$ | $y=1$ |
| $z=0$ | | 1 | 1 |
| $z=1$ | | 1 | 1 |

図 4.3　表 4.4 の真理値表のカルノー図

[**例 4.9**] 例 4.2 の関数評価表を図 4.4 に示すカルノー図で表す．テンプレートを

4.4 ブール関数

| $F$ | $x=0$ | | $x=1$ | |
|---|---|---|---|---|
| | $y=1$ | $y=0$ | $y=0$ | $y=1$ |
| $z=0$ | 1 | | 1 | 1 |
| $z=1$ | | 1 | 1 | |

図 4.4　表 4.2 の関数評価表のカルノー図

当てはめ，簡約された標準形を作る．枠の最左辺と最右辺のつながりに注意すること．

$\quad F = (x \wedge \neg y) \vee (y \wedge \neg z) \vee (\neg y \wedge z)$　…図 4.4 による簡約された選言標準形

$\quad F = (x \wedge \neg z) \vee (y \wedge \neg z) \vee (\neg y \wedge z)$　…テンプレートの配置が異なれば別解の最も簡約された選言標準形が得られる場合がある．

$\quad F = (\neg y \vee \neg z) \wedge (x \vee y \vee z)$　…図 4.4 による簡約された連言標準形

たとえば $F = (x \wedge \neg y) \vee (x \wedge \neg z) \vee (y \wedge \neg z) \vee (\neg y \wedge z)$ は，上式と等価な選言標準形であり，隣接節をもたないが，さらに簡約が可能である．カルノー図では，このように式上で見通せない簡約を見つけることができる．

[**例 4.10**]　例 3.4 の命題論理式の真理値表についても，**F**，**T** を 0，1 に対応させることによって，ブール代数と同様に処理できる．

$\quad F = (\neg p \wedge q) \vee (p \wedge \neg r)$　…選言標準形（例 3.9 よりも簡約されている．）

$\quad\ = (p \vee q) \wedge (\neg p \vee \neg r)$　…連言標準形

| $F$ | $p=$ F | | $p=$ T | |
|---|---|---|---|---|
| | $q=$ T | $q=$ F | $q=$ F | $q=$ T |
| $r=$ F | T | F | T | T |
| $r=$ T | T | F | F | F |

図 4.5　表 3.3 の解釈表のカルノー図

[**例 4.11**]　例 4.7 の真理値表について簡約された標準形を求める．関数値の枠の最左辺と最右辺，最上辺と最下辺のつながりに注意すること．

$\quad f(x,y,z,u) = (\neg x \wedge \neg y \wedge \neg z \wedge \neg u) \vee (\neg x \wedge \neg y \wedge \neg z \wedge u)$
$\quad\quad \vee (\neg x \wedge \neg y \wedge z \wedge \neg u) \vee (\neg x \wedge \neg y \wedge z \wedge u) \vee (\neg x \wedge y \wedge \neg z \wedge u)$
$\quad\quad \vee (\neg x \wedge y \wedge z \wedge u) \vee (x \wedge \neg y \wedge z \wedge u) \vee (x \wedge y \wedge \neg z \wedge u)$　…主選言標準形

| $f(x, y, z, u)$ | | $x=0$ | | $x=1$ | |
|---|---|---|---|---|---|
| | | $y=1$ | $y=0$ | $y=0$ | $y=1$ |
| $z=0$ | $u=1$ | 1 | 1 | | 1 |
| | $u=0$ | | 1 | | |
| $z=1$ | $u=0$ | | 1 | | |
| | $u=1$ | 1 | 1 | 1 | |

図 4.6 表 4.5 の真理値表のカルノー図

$$= (\neg x \wedge \neg y) \vee (\neg x \wedge u) \vee (y \wedge \neg z \wedge u) \vee (\neg y \wedge z \wedge u)$$

…簡約された選言標準形

$$\begin{aligned}f(x, y, z, u) =\ & (x \vee \neg y \vee z \vee u) \wedge (x \vee \neg y \vee \neg z \vee \neg u) \wedge (\neg x \vee y \vee z \vee u) \\ & \wedge (\neg x \vee y \vee z \vee \neg u) \wedge (\neg x \vee y \vee \neg z \vee u) \wedge (\neg x \vee \neg y \vee z \vee u) \\ & \vee (\neg x \vee \neg y \vee \neg z \vee u) \wedge (\neg x \vee \neg y \vee \neg z \vee \neg u)\end{aligned}$$ …主連言標準形

$$= (\neg x \vee u) \wedge (\neg y \vee u) \wedge (\neg x \vee y \vee z) \wedge (\neg x \vee \neg y \vee \neg z)$$

…簡約された連言標準形

## 4.5　電子回路による論理式の実現

ブール代数で論じてきた論理式は，電子回路によって物理的に実現され，電子計算機などに用いられる．NOT 回路，AND 回路，OR 回路，NAND 回路，NOR 回路，XOR 回路が一般的に用いられる．それらは図 4.7 のように図示される．

選言標準形で表された論理式は，NOT 回路および多入力 NAND 回路を用いて実現される．

［例 4.12］　例 4.7 の真理値表で表される関数は，例 4.11 で求めた簡約された選言標準形の式から，ドモルガンの法則を使って

$$F = (\neg x \wedge \neg y) \vee (\neg x \wedge u) \vee (y \wedge \neg z \wedge u) \vee (\neg y \wedge z \wedge u)$$
$$= \neg\{\neg(\neg x \wedge \neg y) \wedge \neg(\neg x \wedge u) \wedge \neg(y \wedge \neg z \wedge u) \wedge \neg(\neg y \wedge z \wedge u)\}$$

と書き表せる．これよりその関数の回路図は図 4.8 のようになる．

［例 4.13］　2 進数 $a_3 a_2 a_1 a_{0\,(2)}$ と $b_3 b_2 b_1 b_{0\,(2)}$ の和 $s_3 s_2 s_1 s_{0\,(2)}$，すなわち

$$s_3 s_2 s_1 s_{0\,(2)} = a_3 a_2 a_1 a_{0\,(2)} + b_3 b_2 b_1 b_{0\,(2)} \quad (\text{mod } 16)$$

4.5 電子回路による論理式の実現    53

(a) 3入力 AND 回路: $A \wedge B \wedge C$

(b) 3入力 NAND 回路: $\neg (A \wedge B \wedge C)$

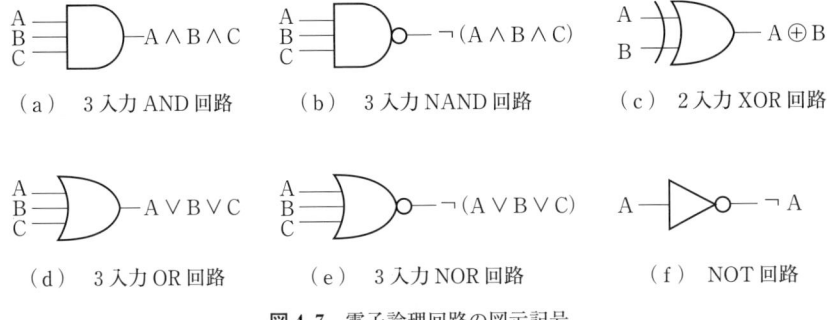

(c) 2入力 XOR 回路: $A \oplus B$

(d) 3入力 OR 回路: $A \vee B \vee C$

(e) 3入力 NOR 回路: $\neg (A \vee B \vee C)$

(f) NOT 回路: $\neg A$

**図 4.7** 電子論理回路の図示記号

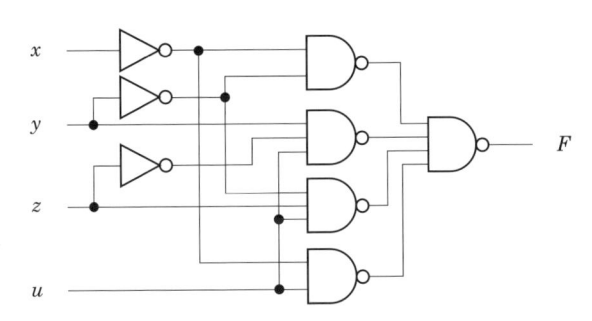

**図 4.8** 2進数 $xyzu_{(2)}$ が素数であれば 1 を出力する回路

は, 表 4.6, 図 4.9 の真理値表とカルノー図で与えられる. ただし, $c_i$ は下位からの**桁上がり** (carry), $c_{i+1}$ は上位への桁上がり, $c_1 = 0$ である.

$a_i, b_i, c_i$ から $s_i$ と $c_{i+1}$ を算出する回路を2進数1桁の**全加算器** (full adder) という. $s_i$ と $c_{i+1}$ を簡約された選言標準形で表せば以下のようなる. 全加算器をカスケードでつなぎ合わせることによって任意の桁数の2進数加算器を作ることができる.

$$s_i = (\neg a_i \wedge \neg b_i \wedge c_i) \vee (\neg a_i \wedge b_i \wedge \neg c_i) \vee (a_i \wedge \neg b_i \wedge \neg c_i) \vee (a_i \wedge b_i \wedge c_i)$$
$$c_{i+1} = (a_i \wedge b_i) \vee (a_i \wedge c_i) \vee (b_i \wedge c_i)$$

表 4.6　全加算器の真理値表

| $a_i$ | $b_i$ | $c_i$ | $s_i$ | $c_{i+1}$ |
|---|---|---|---|---|
| 0 | 0 | 0 | 0 | 0 |
| 0 | 0 | 1 | 1 | 0 |
| 0 | 1 | 0 | 1 | 0 |
| 0 | 1 | 1 | 0 | 1 |
| 1 | 0 | 0 | 1 | 0 |
| 1 | 0 | 1 | 0 | 1 |
| 1 | 1 | 0 | 0 | 1 |
| 1 | 1 | 1 | 1 | 1 |

| $s_i$ | $a_i = 0$ | | $a_i = 1$ | |
|---|---|---|---|---|
|  | $b_i = 1$ | $b_i = 0$ | $b_i = 0$ | $b_i = 1$ |
| $c_i = 0$ | 1 |  | 1 |  |
| $c_i = 1$ |  | 1 |  | 1 |

(a) $s_i$ のカルノー図

| $c_{i+1}$ | $a_i = 0$ | | $a_i = 1$ | |
|---|---|---|---|---|
|  | $b_i = 1$ | $b_i = 0$ | $b_i = 0$ | $b_i = 1$ |
| $c_i = 0$ |  |  |  | 1 |
| $c_i = 1$ | 1 |  | 1 | 1 |

(b) $c_{i+1}$ のカルノー図

図 4.9　全加算器のカルノー図

〈4 章問題〉

**4.1** ブール関数 $f(x, y, z)$ の値は，表 4.3 の表現により，$x \leqq y$ かつ $y \leqq z$ のとき 1 であり，そうでないときは 0 である．
  (a)　関数 $f(x, y, z)$ を真理値表を用いて表せ．
  (b)　関数 $f(x, y, z)$ を主選言標準形，主連言標準形の論理式で表せ．
  (c)　(b) で求めた論理式を簡約された選言標準形，連言標準形に変形せよ．

**4.2** ブール関数 $f(x, y, z, u)$ の値は，2 進数 $xyzu_{(2)}$ がフィボナッチ数であれば 1，そうでなければ 0 である．フィボナッチ数は 0, 1, 1, 2, 3, 5, 8, 13, … である．
  (a)　この関数の真理値表を作れ．
  (b)　この関数をカルノー図で表せ．
  (c)　この関数を，簡約された選言標準形および連言標準形の論理式で表せ．
  (d)　簡約された選言標準形の論理式から，この関数の回路図を NAND 回路および NOT 回路を用いて表せ．

**4.3** (a)　例 4.13 における表 4.6 に示す全加算器の真理値表を用いて，4 桁の 2 進数 $A = 0111_{(2)}$ と $B = 0101_{(2)}$ の加算を行え．また，$D = 1010_{(2)}$ と $E = 1011_{(2)}$ の加算を行え．
  (b)　$b_i = \neg d_i$, $c_0 = 1$ とすると
$$s_3 s_2 s_1 s_{0\,(2)} = a_3 a_2 a_1 a_{0\,(2)} - d_3 d_2 d_1 d_{0\,(2)} \pmod{16}$$
$$= a_3 a_2 a_1 a_{0\,(2)} + b_3 b_2 b_1 b_{0\,(2)} \pmod{16}$$
となる．これを $A - B$, $D - E$ の計算を行うことによって例示せよ．

# 5 命題論理 (II): 公理系

3章で学んだ命題論理の意味論と本章で学ぶ公理系との関係は, 代数学と幾何学の関係に対比できる. 代数学では変形規則に従って式の変形を行うのに対して, 幾何学では公理・定理の当てはめによって証明を進める.

公理系で一般の論理式を証明することはかなり難しいことである. 本章では, 公理系はいかなるものであるかを概観するにとどめる.

## 5.1 公理系

3章では, 命題論理式の真偽をその論理式に含まれる基本論理式の真偽から求めるという方法を議論した. この方法は, **意味論**または**モデル理論**と呼ばれる. 本章では, これとはまったく別の方法として, 論理式の形 (構造) を公理系と推論規則によって変形していく操作によって論理式の性質を論じるという, **構文的な方法** (syntactic method) を議論する. この方法は, **公理系** (axiom system) と呼ばれる.

公理系では
1. 命題論理式の形式的な構造を定義し,
2. 命題論理の公理系を与え,
3. 代入規則, 推論規則によって定理を導く.

公理系としては, 以下の3つの公理からなるものとする.

A1 : $F \to (G \to F)$

A2 : $(F \to (G \to H)) \to ((F \to G) \to (F \to H))$

A3： $(\neg F \to \neg G) \to ((\neg F \to G) \to F)$

　　上記 A1, A2, A3 の公理は，ラッセル（Bertrand Russell, 1872-1970）とホワイトヘッド（Alfred Whitehead, 1861-1947）によるものである．公理の選び方は他にもいろいろある．

**代入規則**（substitution rule）として，以下のものを用いる．
ある論理式が成り立てば，その論理変数にいかなる論理式を代入しても，それによって得られる論理式は成り立つ．

**推論規則**（inference rule）として，以下のものを用いる．
B1： $F$ と $F \to G$ が成り立つならば，$G$ が成り立つ．

　　B1 には，modus ponens という名前がつけられている．

代入規則，推論規則は，論理式について記述する言語であるので，論理式を表す言語に対して**メタ言語**（超言語，meta-language）である．

論理記号 $\vee$, $\wedge$ は，下記の式によって書き換えられる．
$$F \vee G = \neg F \to G, \quad F \wedge G = \neg(F \to \neg G)$$

## 5.2　定理式の証明

論理式 $A_n$ が証明されるということは，以下のように表現される．
論理式の有限列　$A_1, A_2, \cdots, A_n$　があり
(1)　$A_1$ は公理である．
(2)　$1 < k \leq n$ である $A_k$ は
　(a)　公理である．または
　(b)　$i < k$, $j < k$ である $A_i$ と $A_j$ から推論規則 B1 によって直接導かれるものである（いいかえれば　$A_j = A_i \to A_k$）．

このとき，列 $A_1, A_2, \cdots, A_n$ を $A_n$ の**形式的証明**（formal proof），$n$ を形式的証明の長さという．

論理式 $A$ に対して形式的証明があるとき，$A$ は（形式的）**証明可能**，あるいは $A$ は（形式的）**定理**（theorem）であるといい，これを
$$\vdash A$$
と書く．

**定理 5.1**　$\vdash A \to A$

　　上式は，$A \to A$ は定理である ということを意味する．

（証明）　公理 A1 において，$F = A$, $G = A \to A$ とおくと
$$(A \to ((A \to A) \to A))_F \tag{1}$$
公理 A2 において，$F = A$, $G = A \to A$, $H = A$ とおくと
$$\underline{(A \to ((A \to A) \to A)) \to ((A \to (A \to A)) \to (A \to A))}_{F \to G} \tag{2}$$
(1) と (2) より推論規則 B1 を使って
$$\underline{(A \to (A \to A)) \to (A \to A)}_{F \to G} \tag{3}$$
公理 A1 において，$F = A$, $G = A$ とおくと
$$\underline{A \to (A \to A)}_F \tag{4}$$
(4) と (3) より推論規則 B1 を使って
$$A \to A \tag{5}$$

　　下線 ___$_F$，___$_{F \to G}$ は，推論規則 B1 の対象であることを示す．

## 5.3　演繹定理

ある論理式が別の論理式から導かれるという演繹可能性について述べる．$\Gamma$ は有限個の論理式の集合，$A_1, A_2, \cdots, A_n$ は論理式の有限の列とする．ここで以下の条件

(1)　$A_1$ は公理または $\Gamma$ の論理式である．

(2)　$1 < k \le n$ である $A_k$ は

　(a) 公理または $\Gamma$ の論理式である．または

　(b) $i < k$, $j < k$ である $A_i$ と $A_j$ から推論規則 B1 によって直接導かれるものである．（いいかえれば $A_j = A_i \to A_k$）

が満足されるとき，$A_n$ は $\Gamma$ から**証明される**，あるいは $A_n$ は $\Gamma$ から**演繹可能** (deducible) であるといい，これを
$$\Gamma \vdash A_n$$
と書く．$\Gamma$ が空であれば $A_n$ は定理であることであり
$$\vdash A_n$$
と書く．$\Gamma$ の論理式を，$A_n$ の証明のための**前提**（仮説，hypothesis）という．

[例5.1]　公理A1に$\Gamma = \{F\}$を付加すると
$$\underline{F \to (G \to F)}_{F \to G}, \ \underline{F}_F$$
これに推論規則B1を用いて
$$G \to F$$
を得る．よって
$$F \vdash G \to F$$
すなわち，$F$を仮定すれば$G$が何であっても$G \to F$が証明される．

**定理5.2　演繹定理**（deduction theorem）
　$A$と$B$は論理式で，$\Gamma$は有限個の論理式の集合とする．
$$\Gamma \cup \{A\} \vdash B \Rightarrow \Gamma \vdash A \to B$$
その逆も成り立つ．すなわち
$$\Gamma \vdash A \to B \Rightarrow \Gamma \cup \{A\} \vdash B$$
$\Gamma \cup \{A\}$を$\Gamma, A$と略記すれば，上記の2式はまとめて
$$\Gamma, A \vdash B \Leftrightarrow \Gamma \vdash A \to B$$
（証明）（数学的帰納法）

$\Gamma$に$A$を加えた$\Gamma, A$を考える．このとき，$\Gamma, A$から$B$を導くことができるという仮定から，形式的証明の列を$B_1, B_2, \cdots, B_n$と表す．ただし$B_n = B$とする．すなわち$\Gamma, A \vdash B_i$，$i = 1, 2, \cdots, n$である．このとき$A \to B_1$，$A \to B_2, \cdots, A \to B_n$が$\Gamma$を前提として形式的証明になっていることを$i = 1, 2, \cdots, n$について示そう．

まず$i = 1$とする．このとき（ⅰ）$B_1 \in \Gamma$か（ⅱ）$B_1$は公理か（ⅲ）$B_1 = A$である．

（ⅰ），（ⅱ）の場合，$\Gamma \vdash B_1$．一方，公理A1によって$\vdash B_1 \to (A \to B_1)$．したがって$\Gamma \vdash A \to B_1$．

（ⅲ）の場合，定理5.1より$\vdash A \to A$であるので$\vdash A \to B_1$

（ⅰ），（ⅱ），（ⅲ）の場合を合わせて$\Gamma \vdash A \to B_1$

次に$1 < i < n$であるすべての$i$について$\Gamma \vdash A \to B_i$，$i = 2, 3, \cdots, n-1$と仮定する．このとき

（ⅰ）$B_n \in \Gamma$か（ⅱ）$B_n$は公理か（ⅲ）$B_n = A$か（ⅳ）$B_n$はある$B_j$（$j < n$）と$B_k$（$k < n$）から推論規則B1によって直接導かれる（いいかえれば

$B_k = B_j \to B_n$).

（ⅰ），（ⅱ），（ⅲ）の場合は，$i = 1$ の場合と同様に $\Gamma \vdash A \to B_n$ が得られる.

（ⅳ）の場合は，帰納法の仮定により $\Gamma \vdash A \to B_k$. したがって $\Gamma \vdash A \to (B_j \to B_n)_F$. 公理 A2 に $F = A$, $G = B_j$, $H = B_n$ を代入すると $\vdash (A \to (B_j \to B_n)) \to ((A \to B_j) \to (A \to B_n))_{F \to G}$ が得られる.
これより推論規則 B1 を用いて $\Gamma \vdash (A \to B_j) \to (A \to B_n)_{F \to G}$ が導かれる.

再び帰納法の仮定により $\Gamma \vdash A \to B_{jF}$ であるから，推論規則 B1 を用いて $\Gamma \vdash A \to B_n$ が得られる.

（ⅰ），（ⅱ），（ⅲ），（ⅳ）を合わせて $\Gamma \vdash A \to B_n$ が証明された.

逆については，$\Gamma \vdash A \to B_{F \to G}$ であるとすれば，$A \vdash A_F$ であるので，推論規則 B1 により $\Gamma, A \vdash B$

演繹定理を拡張して

$$A_1, A_2, \cdots, A_n \vdash B \Leftrightarrow \vdash (A_1 \to (A_2 \to \cdots (A_n \to B) \cdots))$$

以下にいくつかの定理を示す.

**定理 5.3**　$A \to B, B \to C \vdash A \to C$

（証明）　$A \to B$ (1), $B \to C$ (2), $A$ (3) を仮定する.

| | | |
|---|---|---|
| (3), (1) より | $B$ | (4) |
| (4), (2) より | $C$ | (5) |
| よって | $A \to B, B \to C, A \vdash C$ | (6) |
| 演繹定理により | $A \to B, B \to C \vdash A \to C$ | (7) |

**定理 5.4**　$A \to (B \to C), B \vdash A \to C$

（証明）　$A \to (B \to C)$ (1), $B$ (2), $A$ (3) を仮定する.

| | | |
|---|---|---|
| (3), (1) より | $B \to C$ | (4) |
| (2), (4) より | $C$ | (5) |
| よって | $A \to (B \to C), B, A \vdash C$ | (6) |
| 演繹定理により | $A \to (B \to C), B \vdash A \to C$ | (7) |

**定理 5.5**　$\vdash \neg\neg A \to A$

（証明）　公理 A3 で $F = A$, $G = \neg A$ とおくと

$$(\neg A \to \neg\neg A) \to ((\neg A \to \neg A) \to A) \quad (1)$$

一方，定理 5.1 より　　　　$\neg A \to \neg A$ 　　　　　　　　　　(2)

(1), (2), 定理 5.4 より　　$(\neg A \to \neg \neg A) \to A$ 　　　　　　(3)

公理 A1 で $F = \neg \neg A$, $G = \neg A$ とおくと

$$\neg \neg A \to (\neg A \to \neg \neg A) \quad (4)$$

(4), (3), 定理 5.3 より　　$\neg \neg A \to A$ 　　　　　　　　　　(5)

ゆえに　　　　　　　　　$\vdash \neg \neg A \to A$ 　　　　　　　　　　(6)

## 5.4　完　全　性

われわれは，2つの異なるシステム

(1)　意味論（モデル理論）

(2)　公理系

をみてきた．ここで，（意味論における恒真式）と（公理から導かれる定理式）はまったく同値であることが証明されている．これを**完全性定理**（completeness theorem）という．

**定理 5.6**　定理式は恒真である．

**定理 5.7**　恒真式は定理式である．

ある公理系において，いかなる論理式 $F$ をとっても $F$ と $\neg F$ の両方が証明可能とならないということを，その公理系は**無矛盾**（consistent）であるという．公理系 A1, A2, A3 は無矛盾である（ことが知られている）．

公理系のある公理が，他の公理と推論規則とによって証明可能であれば，その公理は公理系に入れておく必要はない．公理系において，1つの公理は他の公理から推論規則によって証明されないことを，公理系の**独立性**（independence）という．A1, A2, A3 は互いに独立である（ことが知られている）．

**定理 5.8**　$A \wedge B \vdash A$　　$A \wedge B \vdash B$

**定理 5.9**　$A \vee B, \neg A \vdash B$　　$A \vee B, \neg B \vdash A$

**定理 5.10**　$A, B \vdash A \wedge B$

## 意味論と公理系

　意味論で一般の命題論理式の真偽を評価することは，機械的に行うことができるといえる．一方，公理系では，定理 5.1, 5.5 の証明をみてわかるとおり，簡単な論理式の証明でも複雑な処理を必要とする．一般の論理式を証明することはかなり難しいことである．

　幾何学において，三角形の内角の和が 180° であることを証明するには，補助線として 1 頂点から対辺に平行な直線を引き，「2 本の平行線に直線が交わるとき同位角は等しい」「2 本の平行線に直線が交わるとき錯角は等しい」という定理を当てはめる．ここでは，適切な補助線をみつけるひらめきが要求される．命題論理の公理系も幾何学と似て，いかに公理・定理を当てはめるか，いかにそれを見通すかという難しいところがある．公理系が取っ付きにくいところである．

　幾何学にユークリッド幾何学と非ユークリッド幾何学があるように，論理学にも公理の選び方によって，本書で扱っているのとは異なる論理もありうる．本書で扱っている論理は二分法（dichotomy）に基づくものであり，西洋の伝統的な論理である．しかしその他にも，真理値が 2 値に限られず実数であるような論理，真理値が確率として与えられるような論理，排中律（3.9b）を認めないなどの論理も提案されている．

# 6 述語論理

3章，5章で扱ってきた命題論理では，1つの文の内容を1つの基本命題としてとらえ，それ以上の分析をしなかった．述語論理では，1つの命題を「あるものがある性質をもっている/いない」と分析し，ものはもので，性質は性質で，他の命題との共通性を考える．述語論理の発明により，記号論理学は大きく発展した．

## 6.1 述語論理

次の3つの文がある．
(a) 鳥は飛ぶ．(b) 飛行機は飛ぶ．(c) ブタは飛ぶ．
「飛ぶ」という共通部分取り出して Fly( ) と表すと，各文は
(a) Fly(鳥)，(b) Fly(飛行機)，(c) Fly(ブタ)

と表せる．この表記で，Fly( ) を**述語** (predicate) といい，一般に $P(\ )$ と表す．括弧内にある鳥，飛行機，ブタなどを**個体** (individual) という．また，鳥，飛行機，ブタを代表する記号として $x$ を用いれば，「$x$ は飛ぶ」は Fly($x$) と表すことができる．ここで，$x$ を**個体変数**（個体変項，individual variable）という．$P(x)$ を**述語命題** (predicate proposition) という．意味論では，$x$ に特定の個体を割り当てたとき，$x$ が性質 $P(\ )$ をもてば $P(x)$ は真であり，さもなければ $P(x)$ は偽である．

「$x$ は $y$ の子供である」を Child($x,y$) で表す．このように2個以上の個体変数を引数としてとる述語も可能である．

## 第6章 述語論理

本書ではさらに以下の述語を用いるものとする．

Human$(x)$：$x$は人間である．Die$(x)$：$x$は死ぬ．Swim$(x)$：$x$は泳ぐ．
T$(x)$：$x$は教師である．S$(x)$：$x$は学生である．
L$(x)$：$x$はなまけものである．Know$(x, y)$：$x$は$y$を知っている．

特定の個体を表す記号を**個体定数**（個体定項，individual constant）という．

Die(Socrates)　　　　　　　《Socratesは死ぬ》

述語命題と論理記号を組み合わせて論理式を作ることができる．

T$(x)$ → L$(x)$　　　　　　《$x$が教師であれば$x$はなまけものである》
Child$(x, y)$ → Know$(y, x)$　《親は自分の子供を知っている》

述語命題を含む論理式を**述語論理式**（predicate formula）といい，述語論理式の取扱いを**述語論理**（predicate logic）という．

述語論理には，個体のみを変数で代表させて論じる1階述語論理（first order predicate logic）と，個体のみでなく述語も変数で代表させて論じる2階述語論理（second order predicate logic）がある．後者の展開はあまり進んでいないのが現状である．

述語論理式で考える個体の全体の集合$D$を**定義域**（domain）という．

定義域として用いるために，すべてのものの集合$D_A$と，人間全体の集合$D_H = \{x | \text{Human}(x)\}$を定めておこう．

定義域$D$のすべての個体$x$が性質$P(\ )$をもっていることを

$\forall x P(x)$　　　　　　　　《すべての$x$は$P(\ )$である》　　(6.1)

と表記する．ここで，$\forall$は**全称記号**（universal quantifier）である．

《　》は，論理式の意味を日本語で表そうとしたものであるが，自然言語の制約によって不正確である可能性を免れない．

［例6.1］　$D_H$を定義域として

$\forall x \text{Die}(x)$　　　　　　　《すべての人間は死ぬ》　　　(6.2)
$\forall x \neg \text{Fly}(x)$　　　　　　《すべての人間は飛ばない》　　(6.3)

［例6.2］　$D_A$を定義域とすれば，式(6.2)，(6.3)は以下の式(6.4)，(6.5)のように表される．こちらの方が一般性があり，よりよい表現である．

$\forall x(\text{Human}(x) \rightarrow \text{Die}(x))$　　《人間はだれも死ぬ》　　(6.4)

## 6.1 述語論理

$$\forall x(\mathrm{Human}(x) \to \neg \mathrm{Fly}(x)) \quad 《人間はだれも飛ばない》 \quad (6.5)$$

定義域 $D$ のなかで性質 $P(\ )$ をもつ個体 $x$ が少なくとも1つ存在することを

$$\exists x P(x) \quad 《P(\ ) である x がある》 \quad (6.6)$$

と表記する．ここで，$\exists$ は**存在記号**（existential quantifier）である．

[例 6.3] 定義域 $D_\mathrm{H}$ のもとで

$$\exists x \, \mathrm{Swim}(x) \quad 《泳ぐことができる人がいる》 \quad (6.7)$$

定義域 $D_\mathrm{A}$ のもとで

$$\exists x(\mathrm{Human}(x) \wedge \mathrm{Swim}(x)) \quad 《泳ぐことができる人がいる》 \quad (6.8)$$

意味論では，ある個体 $a \in D$ があって $P(a)$ が真であるとき $\exists x P(x)$ が真となる．また，どの個体 $x \in D$ をとっても $P(x)$ が真とならないとき $\exists x P(x)$ は偽となる．そのときは $\neg \exists x P(x)$ は真となる．

[例 6.4] 定義域 $D_\mathrm{H}$ のもとで

$$\neg \exists x \, \mathrm{Swim}(x) = \forall x \neg \mathrm{Swim}(x) \quad (6.9)$$
$$《泳げる人はいない＝すべて泳げない人だ》$$
$$\neg \forall x \, \mathrm{Swim}(x) = \exists x \neg \mathrm{Swim}(x) \quad (6.10)$$
$$《全員が泳げるわけではない＝泳げない人がいる》$$

[例 6.5] $\forall$ と $\exists$ の組合せと順序によって，論理式の意味は微妙に変化する．

$\forall x \forall y \, \mathrm{Know}(x, y)$ 　　《すべての人はすべての人を知っている》
$\forall y \forall x \, \mathrm{Know}(x, y)$ 　　《すべての人はすべての人が知っている》
　　上記2式は，結局同じことをいっている．
$\forall x \exists y \, \mathrm{Know}(x, y)$ 　　《すべての人は誰かを知っている》
$\forall y \exists x \, \mathrm{Know}(x, y)$ 　　《すべての人は誰かが知っている》
$\exists y \forall x \, \mathrm{Know}(x, y)$ 　　《すべての人が知っている人がいる》
$\exists x \forall y \, \mathrm{Know}(x, y)$ 　　《すべての人を知っている人がいる》

[例 6.6]

$$\forall x \forall y [\{\mathrm{T}(x) \wedge \mathrm{S}(y) \wedge \mathrm{Know}(x, y)\} \to \neg \mathrm{L}(x)]$$
$$《すべての学生を知っている教師はなまけものではない》$$
$$\forall x \exists y [\{\mathrm{S}(x) \wedge \mathrm{T}(y) \wedge \neg \mathrm{Know}(x, y)\} \to \mathrm{L}(x)]$$
$$《知らない教師がいる学生はなまけものだ》$$

$$\exists x \forall y [\{T(x) \land S(y) \land \text{Swim}(y)\} \to \text{Know}(x, y)]$$
《ある教師は泳げる学生をすべて知っている》

$n$ 個の**引数** $x_1, x_2, \cdots, x_n$ のすべてに定義域 $D$ の個体を割り当てたとき，1 個の個体定数 $a \in D$ を与えるものを**関数** (function) といい

$$a = f(x_1, x_2, \cdots, x_n) \tag{6.11}$$

と表記する．

[**例6.7**] father$(x)$，mix$(x, y)$ は関数である．
　　正男 = father(義男)　　色3 = mix(色1, 色2)　　橙 = mix(赤, 黄)
　　$\forall x\, \text{Know}(x, \text{father}(x))$　　　　《だれでも自分の父を知っている》
　　$\exists x\, \neg\, \text{Know}(x, \text{father}(x))$　　　《自分の父を知らない人もいる》

## 6.2　述語論理の形式的体系

改めて述語論理を記述しよう．まず表記法を下記のように定める．
(1)　個体定数（個体定項）　$a, b, \cdots$
(2)　個体変数（個体変項）　$x, y, \cdots$
(3)　$n$ 変数関数　$f(x_1, x_2, \cdots, x_n)$, $g(x_1, x_2, \cdots, x_n)$, $\cdots$
　　　$n$ 個の引数に割り当てられた個体の組をもとに 1 個の個体定数を与える．
(4)　$n$ 変数述語　$P(x_1, x_2, \cdots, x_n)$, $Q(x_1, x_2, \cdots, x_n)$, $\cdots$
　　　$n$ 個の引数に割り当てられた個体の性質や個体間の関係の存在を主張する．$n = 0$ の場合，すなわち 0 変数述語である場合は，基本命題である．

次に，論理式を定義する．
(1)　個体定数および個体変数は**項** (term) である．
(2)　$t_1, t_2, \cdots, t_n$ が項であるとき，$n$ 変数の関数 $f(t_1, t_2, \cdots, t_n)$ は項である．
(3)　$t_1, t_2, \cdots, t_n$ が項であるとき，$n$ 変数の述語 $P(t_1, t_2, \cdots, t_n)$ は述語命題である．述語命題は論理式である．
(4)　$F$ が論理式であれば，$\neg F$ も論理式である．
(5)　$F, G$ が論理式であれば，$F \land G$, $F \lor G$, $F \to G$ も論理式である．
(6)　$F$ が論理式であり $x$ が個体変数であるとき，$\forall x F$ は論理式である．
(7)　$F$ が論理式であり $x$ が個体変数であるとき，$\exists x F$ は論理式である．

論理記号 $\forall$ を全称記号，$\exists$ を存在記号といい，両者を **量記号**（量化記号，限定記号，quantifier）という．$\forall x, \exists y$ の効力の及ぶ範囲の $x, y$ を **束縛変数**（束縛変項，bounded variable），束縛変数でない変数を **自由変数**（自由変項，free variable）という．$\forall x(\cdots), \exists y(\cdots)$ の形の $x, y$ の効力の及ぶ部分論理式を **作用範囲**（scope）という．自由変数を含まない論理式を **閉論理式**（closed formula）という．

量記号について下記の関係が成り立つ．

$$\neg \forall x F = \exists x \neg F \tag{6.12}$$

$$\forall x F = \neg \exists x \neg F \tag{6.13}$$

$$\neg \exists x F = \forall x \neg F \tag{6.14}$$

$$\exists x F = \neg \forall x \neg F \tag{6.15}$$

[例 6.8] 論理式の例を挙げる．

$\forall x(P(x) \to Q(x, f(x)))$ …この式は閉論理式である．

$\forall x \exists y(Q(f(x), y) \to \exists z R(y, z, w))$ …この式で $x, y, z$ は束縛変数，$w$ は自由変数である．したがってこの式は閉論理式ではない．

$\forall x \underline{P(x)} \to P(z)$ … $\forall x$ の作用範囲は下線部分である．束縛変数を新しい変数につけかえた式 $\forall y \underline{P(y)} \to P(z)$ はもとの式と同等である．

[例 6.9] $\forall$ や $\exists$ の作用範囲内に複数の部分論理式があるとき，それらを結ぶ論理記号（$\to$ か $\land$ か）には注意を要する．例 6.2 の式（6.4）を書き換えると

$\forall x(\text{Human}(x) \to \text{Die}(x)) = \neg\neg \forall x(\text{Human}(x) \to \text{Die}(x))$
$= \neg \exists x \neg(\text{Human}(x) \to \text{Die}(x)) = \neg \exists x \neg(\neg \text{Human}(x) \lor \text{Die}(x))$
$= \neg \exists x(\text{Human}(x) \land \neg \text{Die}(x))$ 《人間で死なないものはいない》

## 6.3　1階述語論理の意味論

意味論では，述語論理式の解釈を行って式の真偽を定める．

**意味論における述語論理式の解釈：**
(1) 定義域 $D$ を定める．
(2) 論理式 $F$ に現れる自由変数に，定義域の個体を割り当てる．1組の割当に対して論理式 $F$ の真偽を求めることが1つの解釈である．

以下は，順序によらずできる範囲でどんどん進める．
(3) 関数は，引数の変数のすべてに個体を割り当てたときに1つの個体定数を与える．
(4) 述語は，引数の変数のすべてに個体を割り当てたときに真偽の真理値を与える．
(5) 部分論理式の真偽を計算する．
(6) 束縛変数を含む部分論理式については，以下の方法で真偽を定める．
  (6.1) 部分論理式 $\forall x F$ は，$x$ に $D$ のすべての個体を割り当てたすべての場合に $F$ が真であれば真であり，さもなければ偽である．
  (6.2) 部分論理式 $\exists y F$ は，$y$ に $D$ の少なくとも1つの個体を割り当てた場合に $F$ が真となれば真であり，さもなければ偽である．

実際には，個体の割当を逐一行う上記の方法が実行されることはまれである．

解釈の手順からわかるように，述語論理式の真偽は，定義域 $D$ が何であるか，述語 $P(x)$ がいかなるものであるか，また $D$ の個々の個体 $x$ が $P(x)$ にいかなる真理値を与えるかに依存する．しかし，論理学はそのような個別論には興味をもたない．

すべての解釈において真である論理式を恒真式といい，すべての解釈において偽である式を恒偽式，充足不能式という．恒偽式でない式を充足可能式という．

述語論理式の意味論において，式の真偽を3章で命題論理式について行ったように式の変形によって調べることは簡単ではない．これについては，いくつかの手法が開発されている．

述語論理式において，$\exists x P(x)$ の形があったとき $x = a$ と個体定数で表し，もとの形を $P(a)$ で置き換える．この定数 $a$ を**スコーレム定数**（Skolem constant）という．$\exists x P(x)$ のもとで $P(x)$ を真とする個体の1つを $a$ と表すことであり，$\exists x P(x)$ が真であれば $P(a)$ は真である．また論理式に $\forall x \exists y P(x, y)$ の形があったとき $y = f(x)$ と関数で表し，もとの形を $\forall x P(x, f(x))$ で置き換える．この関数 $f(x)$ を**スコーレム関数**（Skolem function）という．$\forall x \exists y P(x, y)$ が真であれば $\forall x P(x, f(x))$ は真である．

これらの変換は論理式から $\exists$ を除くために行われる．このような変換によって得られた論理式はもとの論理式と等価ではないが，もとの論理式が充足する場合にのみ充足する．したがって，変換で得られた論理式が充足することを示せば，もとの式が充足することが示される．例 6.12, 問題 6.3 参照．

## 6.4 述語論理の公理系

命題論理の公理系の公理 A1, A2, A3 および推論規則 B1 に，公理 A4 と推論規則 B2 を加える．

A4 : $\forall x F[x] \to F[y]$

$F[x]$ は論理式 $F$ が論理変数 $x$ をもつことを意味し，$F[y]$ は $F[x]$ の $x$ を $y$ に置き換えたものを意味する．

B2 : $F \to G$ が成り立てば $F \to \forall x G$ が成り立つ．

証明は省略するが，これらより以下の定理が導かれる．

**定理 6.1** $F \to \forall x F$

**定理 6.2** $P(x) \to \exists y P(y)$

以下に，いくつかの述語論理の証明を行う．その方法はおおむね公理系に基づく．

[例 6.10] (1), (2) の前提から (4) の結論を導く．

$\forall x (\text{Human}(x) \to \text{Die}(x))$ 前提《人間はだれも死ぬ》 (1)

Human(Socrates) 前提《Socrates は人間である》 (2)

(1) に A4 を適用して

Human(Socrates) $\to$ Die(Socrates) (3)

《Socrates が人間であれば Socrates は死ぬ》

(3) と (2) に A1 を適用して

Die(Socrates) 結論《Socrates は死ぬ》 (4)

[例 6.11]「矛盾」の語源をみてみよう．

楚人有鬻盾与矛者．誉之曰，「吾盾之堅，莫能陥也．(1)」又誉其矛曰，「吾矛之利，於物無不陥也．(2)」或曰，「以子之矛，陥子之盾，何如．」其人弗能応也．〔『韓非子』難編（一）より〕

吾盾を $a$, 吾矛を $b$, $x$ 陥 $y$ を B $(x, y)$ と表すと，(1), (2) の発言は

| | | |
|---|---|---|
| 前提《私の盾 $a$ を陥すものは何もない》 | $\neg \exists x B(x, a)$ | (1) |
| 前提《私の矛 $b$ が陥さないものは何もない》 | $\neg \exists y \neg B(b, y)$ | (2) |
| (1) を書き直して | $\forall x \neg B(x, a)$ | (3) |
| (2) を書き直して | $\forall y B(b, y)$ | (4) |
| (3) に A4 を適用して | $\neg B(b, a)$ | (5) |
| (4) に A4 を適用して | $B(b, a)$ | (6) |

(5) と (6) は矛盾である．

[**例6.12**] (1), (2) の前提から (3) の結論を導く．

| | | | |
|---|---|---|---|
| | $\forall x(\text{Human}(x) \to \neg \text{Fly}(x))$ | 前提《人間は飛べない》 | (1) |
| | $\exists x \text{Human}(x)$ | 前提《人間がいる》 | (2) |
| | $\exists x \neg \text{Fly}(x)$ | 《飛べないものがいる》 | (3) |
| (2) より | $\text{Human}(a)$ | $a$ はスコーレム定数 | (4) |
| (1) より | $\text{Human}(a) \to \neg \text{Fly}(a)$ | | (5) |
| (2) と (5) より | $\neg \text{Fly}(a)$ | | (6) |
| (6) より | $\exists x \neg \text{Fly}(x)$ | 結論が導かれた． | (7) |

## 〈6章問題〉

各問で，定義域をすべての人間の集合とする．$D_H = \{x | \text{Human}(x)\}$

**6.1** $\text{Fly}(x)$, $\text{Swim}(x)$, $\text{Child}(x)$, $\text{Know}(x)$, $\text{father}(x)$ は，前述の述語・関数である．下線の言葉は個体定数である．

(a) 次の日本語文を閉じた述語論理式に直せ．

　　<u>Ichiro</u> を知らない人もいる．

　　<u>Ichiro</u> を知らない人は飛んでいる．

　　父が泳げれば子も泳げる．

　　父がなまけものでも，なまけものでない子供がいる．

(b) 次の述語論理式を日本語文で表現せよ．

$$\exists y \forall x (\text{Child}(x, y) \to \text{Swim}(x))$$

$$\forall x [\{T(x) \land L(x)\} \to \{\forall y(S(y) \to \text{Know}(y, x))\}]$$

**6.2** 以下の論理式の並びは，ある証明を行っているものである．$a, b$ は個体定数である．式 (5), (6), (7) として適切な論理式を示せ．

| | | |
|---|---|---|
| 前提 (1) | $\forall x \forall y \{\text{Child}(y, x) \to \text{Know}(x, y)\}$ | (1) |
| 前提 (2) | $\neg \text{Know}(a, b)$ | (2) |

| | | |
|---|---|---|
| 棄却すべき前提 | Child$(b, a)$ | (3) |
| (1) より | $\forall x \{\text{Child}(b, x) \to \text{Know}(x, b)\}$ | (4) |
| (4) より | ☐ | (5) |
| (3) と (5) より | ☐ | (6) |

(6) と (2) は矛盾である．したがって，前提 (3) は棄却される．
すなわち　　　　　☐　　　　　(7)
が証明された．

**6.3** 述語を以下のように定める．

　　$F(y, x) : y$ は $x$ の父である．

　　$GF(z, x) : z$ は $x$ の祖父である．

次の文を論理式で表し，(1), (2) を前提として (3) を導け．

　　すべての人は父がいる．　　　　　　　　　　(1)

　　父の父は祖父である．　　　　　　　　　　　(2)

　　すべての人は祖父がいる．　　　　　　　　　(3)

### いろいろな論理学

　論理学とは，煎じ詰めれば，人を納得させる話法であるといえる．今まで述べてきた記号論理学は，人がそれならば納得できるという話法を法則化したものである．したがって，なぜそれで人が納得するかということをおおもとで説明することはできない．

　たとえば，矛盾律（3.9a）「人は悪人でありかつ悪人でない，ということはない」や，排中律（3.9b）「A は悪人であるか，悪人でないかのいずれかである」は，必ずしもすべての人を完全に納得させるものではなく，疑問を投げかけられてきた．

　人が納得できるのであれば，別の論理があってもよいわけである．実際，歴史的，地理的にみればいろいろな論理があった．論理というよりも論法かもしれない．

　弁証法（dialectic）は，正（thesis）と反（antithesis）の統合によって合（synthesis）を導く論法である．人間に生じる問題は，ある命題（正）とそれに反する（矛盾する）命題（反）とが対立して存在することであり，上位からそれらを統合して得られる命題（合）を得て問題に対する解答とするものである．

　インドなどでは，ヨーロッパとは異なる論理が展開されている．たとえば，金剛般若経では，「A は A でない．だから A である」という論理が用いられ，「覚者は自分が覚者であるとは考えない．だから覚者なのだ」というような記述がいっぱいある．いろいろな論理，論法を比較しながらみていくのも面白いことである．

# 7 有限状態機械

有限状態機械は，有限オートマトン，順序機械，状態遷移機械，遷移システムとも呼ばれ，情報機械の動作原理の理論的モデルとしても，またロボットや自動機械の制御装置としても用いられる．

## 7.1 有限状態機械とは何か

**有限状態機械**（finite state machine）とは，次のような特徴をもつ機械である．

(a) 有限個の可能な**状態**（state）のうち一時に1つの状態を取る．

(b) 1つの状態から他の状態へ移る．これを**状態遷移**（state transition）という．

(c) 状態遷移に際して，**出力**（output）を行うことがある．

(d) **初期状態**（initial state）から始まる．

(e) 状態遷移のきっかけは，一般に**入力**（input）による．

[**例 7.1**] 100円硬貨で300円の缶ビールを売る自動販売機を考えてみよう．販売機は取消ボタンがあるものとする．その動作を図7.1のように表す．状態を○，初期状態を◎，状態遷移を→で表す．また状態遷移の矢印には，入力/出力を添えるものとする．

図7.1を**状態遷移図**（state transition diagram）という．

有限状態機械は次のように記述される．
$$M = (Q, \Sigma, \Gamma, \delta, \gamma, q_0)$$

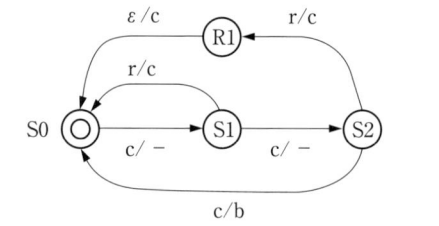

## 第 7 章 有限状態機械

**図 7.1** 自動販売機の状態遷移図

c：100円硬貨，b：缶ビール，
－：出力なし，r：取消ボタン，
$\varepsilon$：入力なし

$Q$：状態の有限集合　$Q = \{S0, S1, S2, R1\}$
$\Sigma$：入力記号（input symbol）の有限集合　$\Sigma = \{c, r, \varepsilon\}$
$\Gamma$：出力記号（output symbol）の有限集合　$\Gamma = \{b, c, -\}$
$\delta$：状態遷移関数（state transition function）　$Q \times \Sigma \to Q$
$\gamma$：出力関数（output function）　$Q \times \Sigma \to \Gamma$
$q_0$：初期状態　$q_0 = S0$

ここで，記号 $\varepsilon$ は入力なしで次の状態に遷移することを示す．

状態遷移関数は，現在の状態と入力記号に基づいて次の状態を一意に決定する規則であり，出力関数は，現在の状態と入力記号に基づいて次の出力記号を一意に決定する規則である．上記の自動販売機について，状態遷移関数と出力関数をあわせて，次の状態/出力記号というように1つの表に記入すると表7.1のようになる．これを**状態遷移表**（state transition table）という．

**表 7.1** 自動販売機の状態遷移表（次の状態/出力記号）

| 現在の状態 | 入力記号 | | |
|---|---|---|---|
| | c | r | $\varepsilon$ |
| S0 | S1/－ | | |
| S1 | S2/－ | S0/c | |
| S2 | S0/b | R1/c | |
| R1 | | | S0/c |

入出力を記号として表現するのは，有限状態機械を情報処理機械として扱っていることを示している．1.2.2項で述べたマルコフ情報源では，<u>文字</u>を出力するとしているが，状態遷移機械においては同じ意味である．

ある状態において，ある入力記号に対して，出力がなくまた他の状態に遷移することがなければ，その部分は状態遷移表に記入しなくても不都合はない．

上記のように状態と出力が別々に規定されるものは**ミーリー機械**（Mealy machine）と呼ばれる．一方，**ムーア機械**（Moore machine）では，出力は遷移先の状態によって一意に決定される．

## 7.2 各種の有限状態機械

### 7.2.1 フリップフロップ

**有限状態機械として電子回路によって実現される最も簡単なものは**，フリップフロップ（flip-flop），別名，**双安定マルチバイブレータ**（bistable multivibrator）である．フリップフロップは，状態と出力が同一であるとして，ムーア機械として記述することができる．

**SRフリップフロップ**（RSフリップフロップ）は，**セット入力**（set input）Sおよび**リセット入力**（reset input）Rの入力があり，状態は，Sが入力されるとQに，Rが入力されると$\overline{Q}$に遷移する．SとRが同時に入力されることは禁止されている．

ここでたとえば，Sが入力されRが入力されないことを論理式$S \wedge \neg R$で表すとすれば，SRフリップフロップの状態遷移表は表7.2のようになる．すなわち論理式そのものが入力記号であると見なすわけである．

表7.2 SRフリップフロップの状態遷移表（次の状態）

| 現在の状態 | 入力記号 | | | |
|---|---|---|---|---|
| | $\neg S \wedge \neg R$ | $\neg S \wedge R$ | $S \wedge \neg R$ | $S \wedge R$ |
| $\overline{Q}$ | $\overline{Q}$ | $\overline{Q}$ | $Q$ | × |
| $Q$ | $Q$ | $\overline{Q}$ | $Q$ | × |

有限状態機械を電子回路に適用する場合，入出力信号の値をもって入出力記号の有無に代える．たとえば，記号Sが入力されること（されないこと）と，信号Sがブール代数の1（0）の値をとることは同一視される．また状態Qであること（ないこと）と，Q=1（Q=0）であることとは同一視さ

れる．すなわち，状態，出力はブール変数であり，入力はブール変数またはブール論理式であるとみることができる．したがって，上の文は以下のように表現することができる．

SRフリップフロップでは，S＝1でQ＝1に，R＝1でQ＝0に切り替わる．SとRが同時に1であることは禁止されている．また$\bar{Q}=\neg Q$である．

このように状態，入力，出力を変数の値で示すことによって有限状態機械の動作を表現する表を動作表と呼ぶことにする．状態遷移表と等価であり，よく用いられる．SRフリップフロップの動作表を表7.3に示す．

**表7.3** SRフリップフロップの動作表（次の状態）

| 現在の状態 | 入力信号 | | | |
|---|---|---|---|---|
| | S＝0かつR＝0 | S＝0かつR＝1 | S＝1かつR＝0 | S＝1かつR＝1 |
| Q＝0, $\bar{Q}$＝1 | Q＝0, $\bar{Q}$＝1 | Q＝0, $\bar{Q}$＝1 | Q＝1, $\bar{Q}$＝0 | × |
| Q＝1, $\bar{Q}$＝0 | Q＝1, $\bar{Q}$＝0 | Q＝0, $\bar{Q}$＝1 | Q＝1, $\bar{Q}$＝0 | × |

一般に，状態名（たとえばSt）をブール変数と見なし，有限状態機械が状態Stにあるとき St＝1，状態Stにないとき St＝0の値をとるものとする．ムーア機械ではこれが出力であり，ミーリー機械でも暗黙にこの出力があると考えることができる．例7.2を参照．

SRフリップフロップの図記号および状態遷移図は図7.2のようになる．

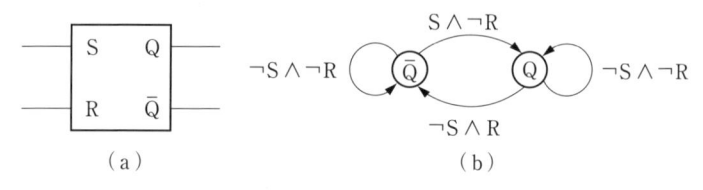

**図7.2** SRフリップフロップの図記号（a）および状態遷移図（b）

**T**フリップフロップでは，T入力があるたびに状態は$\bar{Q}$からQへ，Qから$\bar{Q}$へと遷移する．いいかえれば，T＝1となるたびにQは0から1へ，1から0へと変化する．Tは**クロック入力**と呼ばれる．状態遷移表を表7.4に，図記号，状態遷移図を図7.3に示す．

有限状態機械を電子回路に適用するときに問題となるのは，1回の入力とは何かということである．これについていくつかの考え方がある．

## 7.2 各種の有限状態機械

**表7.4** Tフリップフロップの状態遷移表および動作表

| 現在の状態 | 入力記号 | |
|---|---|---|
| | ¬T | T |
| $\overline{Q}$ | $\overline{Q}$ | $Q$ |
| $Q$ | $Q$ | $\overline{Q}$ |

| 現在の状態 | 入力信号 | |
|---|---|---|
| | T = 0 | T = 1 |
| $Q = 0, \overline{Q} = 1$ | $Q = 0, \overline{Q} = 1$ | $Q = 1, \overline{Q} = 0$ |
| $Q = 1, \overline{Q} = 0$ | $Q = 1, \overline{Q} = 0$ | $Q = 0, \overline{Q} = 1$ |

(a)　　　　　　　(b)

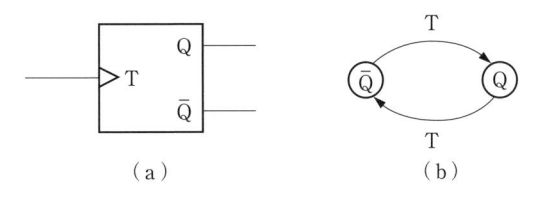

**図7.3** Tフリップフロップの図記号（a）と状態遷移図（b）

(1) 1つの事象が発生したときに入力があるとして動作する．硬貨の投入，ボタンの押下など．
(2) 特定の入力信号に特定の変化が生じたときの入力信号によって動作する．TフリップフロップではTが0から1に変化したときに動作する．これをTの立上りで動作するという．後述のJKフリップフロップも同様である．
(3) 明示的なあるいは暗黙の時間間隔で動作する．1章で述べた文字を生成する情報源はこのように理解される．
(4) 入力信号が常時連続的に入力であるとして動作する．SRフリップフロップはこのように理解できる．

有限状態機械を電子回路で実装するときには，入力の扱いを上記のいずれにするかを決めておかなければならない．たとえば，Tフリップフロップに（4）の考えを適用すれば，T=1である期間，状態は最大速度で$\overline{Q}$とQとの間で切り替わる（振動する）という一般に望ましくない状況が生じる．それゆえ電子回路では，入力としてTが0から1に変化すること（Tの**立上り**，rising edge），および，Tが1から0に変化すること（Tの**立下り**，falling edge）を規定して，T=1であること，およびT=0であることと区別している．図7.3の図記号でT入力に ▷ を付けるのは，Tの立上りで動作することを示す．

[**例7.2**] Tフリップフロップを図7.4のようにカスケード接続すると，左端のT入力の立上り回数をカウントするカウンタを作ることができる．カウンタの示す数値 $n$ は

$$n = Q_2 \cdot 2^2 + Q_1 \cdot 2^1 + Q_0 \cdot 2^0 = 4 \cdot Q_2 + 2 \cdot Q_1 + 1 \cdot Q_0$$

となる．これは動作図のように動作するので up counter と呼ばれる．

(a)

(b)

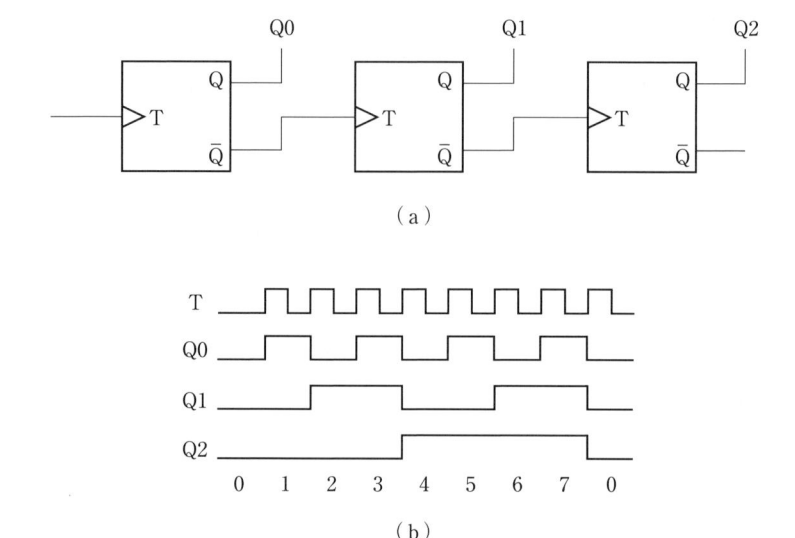

**図7.4** Tフリップフロップによる3ビットカウンタ (a) とその動作図 (b)

**JKフリップフロップ**は，J, K, Tの入力をもつ．一般にクロック入力Tの立上りで動作する．J=1, K=0のときTの立上りでQ=1の状態に，J=0, K=1のときTの立上りでQ=0の状態に移る．SRフリップフロップと異なり，J=1, K=1も許されており，その場合Tの立上りで状態が反転する．また，R入力（リセット入力）をもつものが多い．入力R=1で，他の入力にかかわらず直ちにQ=0の状態になる．（表7.5, 図7.5）

表7.5 JKフリップフロップの状態遷移表

| 現在の状態 | 入力論理式 | | | | | |
|---|---|---|---|---|---|---|
| | R | ¬R∧¬T | ¬R∧¬J∧¬K∧T | ¬R∧¬J∧K∧T | ¬R∧J∧¬K∧T | ¬R∧J∧K∧T |
| $\overline{Q}$ | $\overline{Q}$ | $\overline{Q}$ | $\overline{Q}$ | $\overline{Q}$ | $Q$ | $Q$ |
| $Q$ | $\overline{Q}$ | $Q$ | $Q$ | $\overline{Q}$ | $Q$ | $\overline{Q}$ |

表7.6 JKフリップフロップの動作表

| 現在の状態 | 入力信号 | | | | | |
|---|---|---|---|---|---|---|
| | R = 1 | R = 0 | | | | |
| | | T = 0 | J = 0, K = 0, T = 1 | J = 0, K = 1, T = 1 | J = 1, K = 0, T = 1 | J = 1, K = 1, T = 1 |
| $Q=0, \overline{Q}=1$ | $Q=0, \overline{Q}=1$ | $Q=0, \overline{Q}=1$ | $Q=0, \overline{Q}=1$ | $Q=0, \overline{Q}=1$ | $Q=1, \overline{Q}=0$ | $Q=1, \overline{Q}=0$ |
| $Q=1, \overline{Q}=0$ | $Q=0, \overline{Q}=1$ | $Q=1, \overline{Q}=0$ | $Q=1, \overline{Q}=0$ | $Q=0, \overline{Q}=1$ | $Q=1, \overline{Q}=0$ | $Q=0, \overline{Q}=1$ |

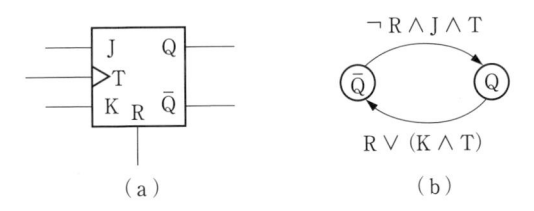

図7.5 JKフリップフロップの図記号 (a) と状態遷移図 (b)

### 7.2.2 単安定マルチバイブレータとタイマ

電子回路で実現されるフリップフロップに似た有限状態機械として，**単安定マルチバイブレータ**（monostable multivibrator, one shot）がある．これは通常，時素として用いられる．状態 $\overline{Q}$ のときにセット入力 S＝1 が入力されると状態 Q に遷移する．その後，所定の時間（**時定数**，time constant）が経過すると，入力がなくても状態 $\overline{Q}$ に遷移する．表7.6 の状態遷移図では，ε として入力記号に記載する．状態 Q のときに S＝1 が入力されると，改めてその時点から時間経過が始まる．これを retriggerable という．

単安定マルチバイブレータの機能を拡張して，セット入力 S に引数として時定数を伴せて，時定数可変の**タイマ**（timer）を構成することを考える．た

とえば，時定数を 10 秒とした入力を S(10) と表すものとする．

　有限状態機械は本質的に量的な時間感覚をもたないので，実用に供するときには工夫が必要である．S(10) などは苦しまぎれの策である．

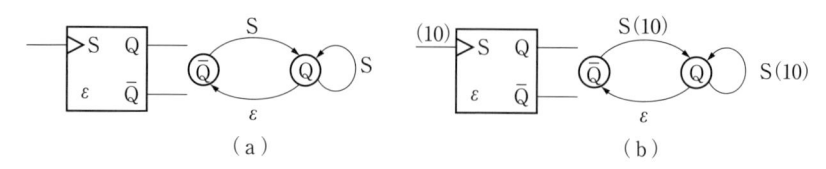

図 7.6　単安定マルチバイブレータ (a) とタイマ (b) の図記号と状態遷移図

表 7.7　単安定マルチバイブレータとタイマの状態遷移表

| 現在の状態 | 入力記号 | | |
|---|---|---|---|
| | S=0 | S=1 | ε |
| $\bar{Q}$ | $\bar{Q}$ | Q | × |
| Q | Q | Q | $\bar{Q}$ |

| 現在の状態 | 入力記号 | | |
|---|---|---|---|
| | S=0 | S(10)=1 | ε |
| $\bar{Q}$ | $\bar{Q}$ | Q | × |
| Q | Q | Q | $\bar{Q}$ |

[例 7.3]　動くものに追従する移動ロボットを考える．人がロボットのタッチセンサを押してやれば退き，離せば追いかけるという特性を実現したい．
　初期状態 S では停止している．タッチセンサ TS が感じると 1 秒間後退する（状態 B）．1 秒が過ぎると前進する（状態 F）．前進中に 100 秒間タッチセンサが感じなければ（迷子になったと判断して）停止する．このロボットの状態遷移図を図 7.7 に示す．ここでは図 7.6 (b) に示す retriggerable timer を使用する．Set(t) によって可変の時間 t を設定することができるものとする．タイマは設定された時間を待っている途中で Set 入力を受ければ，新しい設定時間について待ちを開始する．以前の設定は無効となる．

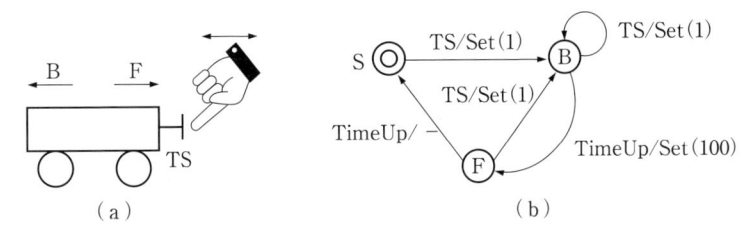

図7.7 ものに追従する移動ロボット（a）とその状態遷移図（b）

## 7.3 マルチエージェントシステム

複数の有限状態機械からなり，ある有限状態機械の状態または出力が他の有限状態機械の入力となるような結び付きが1つ以上あるようなシステムでは，個々の有限状態機械の動作とともに，有限状態機械間の**相互作用**（interaction）が表現される．ここで，各有限状態機械を**エージェント**（agent，行動者）と呼べば，全体システムは**マルチエージェントシステム**（multi-agent system）となる．

［例7.4］ 1階と2階を往復するエレベータの制御の状態遷移図を図7.8に示す．Elevator, Timer, Button1, Button2 の4つの有限状態機械からなっている．入力は，Open1, Open2, TimeUp などのような状態，または But1, But2（呼びボタン），Limit1, Limit2（停止リミットスイッチ），Interrupt（ドアセンサ）などのような事象である．ButIn はエレベータ内のドア閉めボタンである．Timer は，ブレーキをかけてからドアを開くまで，ドアを開けてから閉めるまで，ドアを閉め始めてから動き出すまで の時間を確保する．Button1, Button2 は SR フリップフロップで，エレベータの呼びを行う．エレベータのモータは，有限状態機械 Elevator の状態が Up であるとき上昇，Down にあるとき下降，その他の状態でブレーキ と動作する．各階ドアとエレベータドアの動作は，読者に考えていただくことにする．

さて，有限状態機械でいう状態（S）と，現代制御理論でいう状態（$x$）とは，実際面において大いに異なる．たとえば，エレベータの Up 状態では，エレベータの位置はどんどん変化しているので，サーボ制御系の見地からは状態は変化しつつあることになる．有限状態機械の1状態は，サーボ制御系の構造・パラメータ・目標値等のある設定における実行に相当することがある．

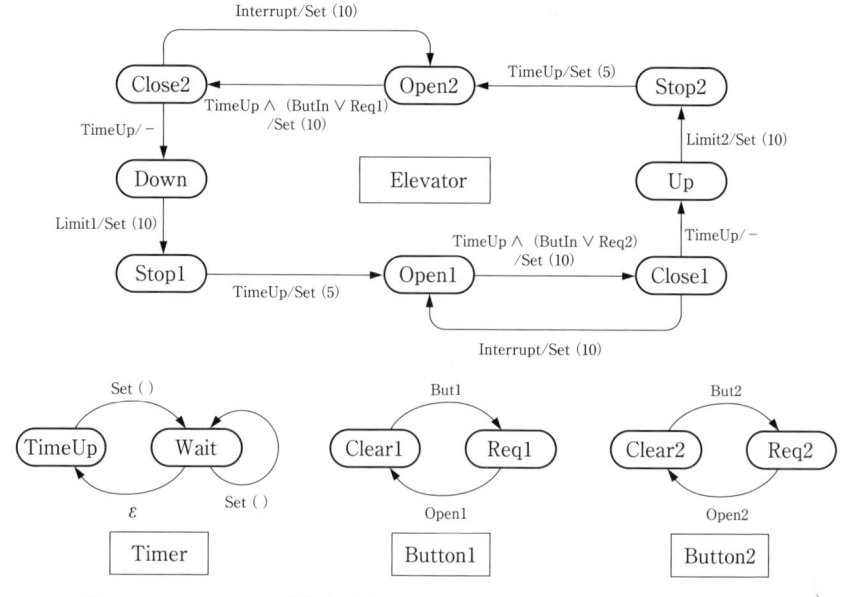

図 7.8 エレベータの動作を表すマルチエージェントシステムの状態遷移図

〈7 章問題〉

**7.1** 図 7.4 を参考にして 3 ビットの down counter を作れ．

**7.2** はがきの自動販売機を有限状態機械として記述せよ．ただし，
(1) 自動販売機は入金として 50 円硬貨（c5）または 100 円硬貨（c1）を 1 枚のみ受け入れる．
(2) 自動販売機には，「1 枚」と「2 枚」のボタンがある（b1，b2）．
(3) 50 円硬貨を入れた場合，「1 枚」のボタンを押すとはがき 1 枚（pc）を出す．
(4) 100 円硬貨を入れた場合，「1 枚」のボタンを押すとはがき 1 枚と 50 円硬貨を出す．「2 枚」のボタンを押すとはがき 2 枚を出す．
(a) 状態の集合 $Q$，入力記号の集合 $\Sigma$，出力記号の集合 $\Gamma$，初期状態 $q_0$ を規定せよ．
(b) (a) の規定に従って，有限状態機械の状態遷移図を描け．

**7.3** 自動電気洗濯機の動作を有限状態機械として表現する．次の表の動作説明に基づいてその状態遷移図を作れ．

# 7章 問題

| agent 名 | 状態 | 状態名 | 説　明 |
|---|---|---|---|
| 洗濯機本体 | 初期状態 | S | |
| | 給水1 | Water1 | 給水弁を開く |
| | 洗い | Wash | プロペラを回転させる　15分間 |
| | 排水1 | Drain1 | 排水弁を開く　3分間 |
| | 脱水1 | Dry1 | 排水弁を開き槽を回転させる　5分間 |
| | 給水2 | Water2 | 給水弁を開く |
| | すすぎ | Rinse | 給水弁を開きプロペラを回転させる　15分間 |
| | 排水2 | Dran2 | 排水弁を開く　3分間 |
| | 脱水2 | Dry2 | 排水弁を開き槽を回転させる　5分間 |
| | 終了 | S | 初期状態に戻る |
| タイマ | 終了状態1 | TimeUp | |
| | 待ち状態1 | Wait | Set( ) によって時間を指定して起動 |
| 各種信号 | 信号 | 信号名 | 説　明 |
| | 洗濯開始 | Start | 洗濯開始ボタン |
| | 満水 | Full | 水位センサ |

### 有限状態機械と自律機械

　**自律機械**（autonomous machine）とは，自分の行動様式に基づいて，外部からの信号を参照して動作を決定して実行する機械である．自律機械は，その行動様式があらかじめ決まっていて変更されないとすれば閉じた系である．さらに行動様式が学習によって変わっても学習方法があらかじめ決まっていればやはり閉じた系である．ロボットや昆虫などは自律機械であるということができる．人間も自律機械であるといえるが，学習方法に限界がなく環境に適応して行動様式を変えていくとなれば，人間は環境と区分された閉じた系であるとはいえなくなる．
　有限状態機械は，閉じた系としての自律機械のモデルに用いられる．本書でも，1章の情報源，9章の構文的パターン認識，11章の行動学習で（多少形が変わっているかもしれないが）用いられる．
　一方，工業用としても，有限状態機械は**プログラマブルコントローラ**（programmable controller, programmed logic controller, PLC）という形で広く使われている．そのプログラミングでは**ラダー図**（ladder diagram）を用いるが，これはリレー回路図から発展したものであり，一般のプログラム言語が文字列で書かれることと比べれば，状態遷移図に似ていなくもない．エレベータ制御などのような比較的簡単な論理制御に用いられる．シーケンスコントローラとも呼ばれ，三菱電機の商品名「シーケンサ」として知られている．
　このように，有限状態機械は情報の理論と実用を結ぶ架け橋となっている．

# 8 パターン認識（I）：パターン空間法

本章では最初に，パターンとは何か，パターン認識とは何をすることかを議論する．次にパターン認識の主要な方法であるパターン空間法について解説する．

## 8.1 パターンとは何か，パターン認識とは何か

### 8.1.1 パターン・クラス・パターン認識

**パターン**（pattern）とは何か．パターンとは説明しにくい言葉であるが，JIS X 0028 情報処理用語－人工知能－基本概念及びエキスパートシステム では，「与えられた文脈の中で，実体を認識するために使われる，特徴の集合および特徴間の関係．特徴には，幾何学的形状，音，絵，信号，テキストなどがある」と定義している[18]．また，電子通信学会編「電子通信ハンドブック」（オーム社，1979）では，「空間的または時間的に観測することが可能な事象であって，観測された事象どうしを比較したとき，それらが同一であるか否かを区別できるか，または似ているか否かを判定できるような性質を備えたものを，一般にパターンという．厳密には，このような事象そのものではなく，事象が担っている様相を指している」と定義している[19]．

そもそも，まず行動者（人間，動物）が，必要に迫られて，事象（実体）を区分する．そしてその区分が事象の様相（特徴）の識別に基づいて行われることから，その様相がパターンとして事後的に指定される．パターンがまずあっ

てそれに基づいて事象の識別がなされるわけではない．しかし，この区分が頻繁に行われるようになるとパターンが確立し，以降はそのパターンに基づいて識別がなされるようになる．

**クラス**（class）についても同様である．事象を区分することがまず行われる．そしてそれぞれの区分を指定するために名前がつけられる．この区分法が頻繁に行われるようになると，それぞれの区分が名前のついたクラスとして確定する．こうして，クラス名とそれに対応するパターンの組合せが確定する．そうすると以降は，クラス名によってパターンの識別が行われるようになる．

**パターン認識**（pattern recognition）は，上述の全過程の理解である．事象をパターンとして認識できるようになることである．しかし一般には，その過程のうちで，確定したパターンによって様相を識別して確定したクラスに分類することを指すことが多い．というのは，機械にそのような識別をさせることは，一般に非常に難しい課題であるからである．

人間は自分がどのようにパターン認識を行っているかわからない．「あなたはどのように色の「赤」と「青」を，音の「ア」と「イ」を識別していますか」に答えられる人はいないであろう．「赤は赤く見え，アはアと聞こえる」というしかない．ひらがなの「あ」と「い」の識別でも大して変わりはない．機械によるパターン認識は，人間がわからずにできていることを機械にやらせようとする試みであり，そこに難しさと面白さがある．税金の計算を機械にやらせることとは話が違う．

人間がパターン認識を行えるようになるためには，学習が必要である．学習を行っていることは確かであるが，それをどのように行っているかは一般的にわからない．学校の教育では，後述の教育パターンベクトルを提示するようなことはやっている．提示以降の人の学習過程は，機械学習とはたぶんかなり異なっているであろう．

### 8.1.2 パターン認識の過程

機械によるパターン認識は，典型的には2種類の過程で行われる．
(1) 学習相－識別相
(2) 観測－前処理－識別

**学習相**（learning phase）は，クラスに属するパターンに関する知識をもとに，パターンをクラスに分類する一般法則を生成する段階である．通常，**教育パターン**（training pattern）という，属するクラスのわかっているいくつかのパターンを与えられ，それらから，パターンをクラスに分類する一般法則を学習する．

**識別相**（discrimination phase）は，学習相で生成した一般法則に基づいて，未知のパターンをクラスに分類する段階である．

**観測**（observation）は，パターン認識の対象となる事象を観測し，パターン認識に用いられるデータを得ることである．

一般に観測によって得られたデータは，さまざまな理由でそのままの形では識別処理にかけられない．そのために，データを整形したり圧縮したりする．この処理を**前処理**（preprocessing）という．この処理で得られたデータは，パターンベクトルまたは記号列になる．

前処理によって得られたパターンベクトルまたは記号列に何らかの手続きを施して特定のクラスに属すると判定する．この手続きを**識別**（discrimination）という．

(1) の学習相，識別相のそれぞれにおいて，(2) の観測，前処理，識別が行われる．

観測－前処理－識別の過程は，10章「前処理」でより詳細に述べる．

### 8.1.3 パターン認識の手法

パターン認識の手法は，パターン空間法と構造的パターン認識法に大別される．

**パターン空間法**（pattern space method）では，パターンの特徴を前処理によって一定の個数の実数に変換する．これらの実数を**特徴量**（feature value）という．特徴量から成るベクトルを**パターンベクトル**（pattern vector）または**特徴ベクトル**（feature vector）という．これらのベクトルの存在する空間を**パターン空間**（pattern space）または**特徴空間**（feature space）という．パターン空間法は，パターン空間を何らかの方法で分割し，その部分空間をパターンのクラスに対応させる方法である．ここで，クラスのパターンベクトル

の統計量を用いて空間を分割する方法を確定する手法を**統計的方法**（statistical method）あるいは**パラメトリックな方法**（parametric method）という．別の方法として，**教育パターンベクトル**（training pattern vector）と呼ぶいくつかのクラスのわかったパターンベクトルを与えられ，それらから試行錯誤的な学習によって空間を分割する方法を確定する手法を**ノンパラメトリックな方法**（nonparametric method）という．

**構造的パターン認識**（structural pattern recognition）は，**構文的パターン認識**（syntactic pattern recognition）とも呼ばれる．典型的には，パターンを前処理によって有限個の**記号列**（string of symbols）に変換し，文法などのような構文解析手法を用いてクラスに分類するものである．

## 8.2　パターン空間法

最初に，パターン空間を分割するために，すなわち，パターンをクラスに分類するために用いられる一般的な方法である識別関数について述べる．パターンベクトルを $m$ 個の実数から成るベクトル

$$\boldsymbol{x} = (x_1, x_2, \cdots, x_m) \tag{8.1}$$

と表す．今，$n$ 個のクラス $C_i (i = 1, 2, \cdots, n)$ に対応して $n$ 個の関数 $g_1(\boldsymbol{x})$, $g_2(\boldsymbol{x})$, $\cdots$, $g_n(\boldsymbol{x})$ があり，与えられたパターンベクトル $\boldsymbol{x}$ についてそれぞれ値を算出する．そのなかで $g_k(\boldsymbol{x})$ が一番大きければ，すなわち $g_k(\boldsymbol{x}) > g_l(\boldsymbol{x})$, $l = 1, 2, \cdots, n, l \neq k$ ならば，パターンベクトル $\boldsymbol{x}$ はクラス $C_k$ に属すると判定する．この場合

$$\boldsymbol{g}(\boldsymbol{x}) = \{g_1(\boldsymbol{x}), g_2(\boldsymbol{x}), \cdots, g_n(\boldsymbol{x})\} \tag{8.2}$$

を**識別関数**（discriminant function）という．$g_i(\boldsymbol{x})$ が $\boldsymbol{x}$ の成分の1次式として表されれば，**線形識別関数**（linear discriminant function）という．線形識別関数を用いるパターン識別を**線形識別**（linear discrimination）という．

## 8.3　統計的方法

クラスのパターンベクトルの統計量を用いて空間を分割する方法を確定する手法である．

### 8.3.1 最小距離法

パターン空間において，未知のパターン $x$ がどのクラスの代表的なパターン $r_i$ に一番近いかによって未知のパターンのクラスを判定する方法を**最小距離法**（minimum distance method）という．$x$ から $r_i$ までの距離を $d$ としその2乗の $-\dfrac{1}{2}$ を求めると

$$-\frac{1}{2}d^2 = -\frac{1}{2}\|r_i - x\|^2 = -\frac{1}{2}(r_i - x)\cdot(r_i - x)$$

$$= r_i \cdot x - \frac{1}{2} r_i \cdot r_i - \frac{1}{2} x \cdot x \tag{8.3}$$

式 (8.3) は，距離 $d$ が小さいほど大きな値をとる．ここで $x \cdot x$ の項は $i$ についての大小比較においては共通なので省略すると，最小距離法では識別関数は次式で与えればよいことがわかる．

本書では，ベクトル $r$ と $x$ の内積を $r \cdot x$ のように表す．

$$g_i(x) = r_i \cdot x - \frac{1}{2} r_i \cdot r_i$$

$$= r_{i1} \cdot x_1 + r_{i2} \cdot x_2 + \cdots + r_{im} \cdot x_m - \frac{1}{2}(r_{i1}^2 + r_{i2}^2 + \cdots + r_{im}^2) \tag{8.4}$$

$r_i$ としては，通常クラス $C_i$ に属する教育パターンベクトルの平均値を用いる．最小距離法は線形識別であり簡便ではあるが荒っぽい方法である．図 8.1 に，2次元パターン空間における最小距離法の適用例を示す．境界線は，クラスの代表点を結ぶ線分の垂直二等分線になっている．

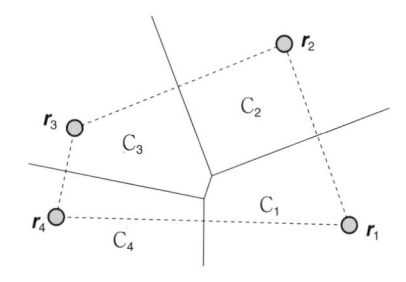

**図 8.1** 最小距離法によるパターン空間の分割

もし，教育パターンベクトルが与えられていれば，パターン空間において，未知のパターンがどの教育パターンベクトルに一番近いかを調べ，未知のパターンのクラスをその教育パターンベクトルと同じクラスであると判定するする方法が考えられる．これを**最近隣法**（nearest neighbor method, NN法）という．区分的線形識別（piecewise linear discrimination）であり，後述のように，大域的に線形分離可能でない場合でも有効である．しかし，比較対象が多くなるので，最小距離法と比べて識別時に計算量が増える．

### 8.3.2 ヒストグラムを用いる方法

1つの特徴量 $x$ から成るパターンを2つのクラスに分けることを考える．一般に，ある値 $x_{\mathrm{th}}$ を定めて，$x < x_{\mathrm{th}}$ ならばクラス $C_1$ に，$x_{\mathrm{th}} \leq x$ ならばクラス $C_2$ に属すると判定する．この $x_{\mathrm{th}}$ を**閾値**（いきち，しきいち，threshold）という．閾値の決め方としてヒストグラム（histogram）を用いる方法がある．

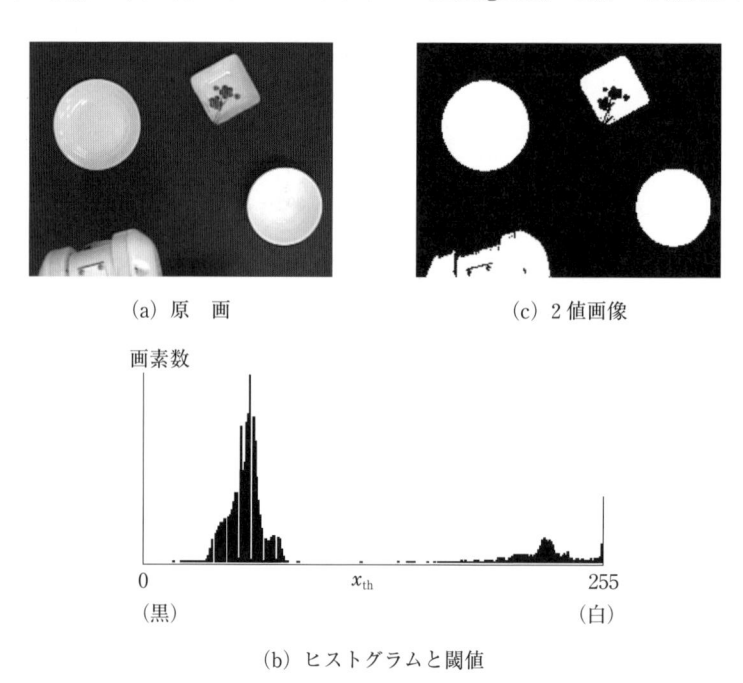

(a) 原　画　　　　　　(c) 2値画像

(b) ヒストグラムと閾値

**図 8.2**　ヒストグラムを用いた画像の2値化

特徴量についてその度数分布を求め，ヒストグラムを作成する．ヒストグラムが図 8.2 (b) のように二峰性であれば，その谷の $x$ の値を $x_{\mathrm{th}}$ とする．たとえば，グレースケール画像で，暗い背景の中に白い物体があることがわかっていれば，明度に対する画素数のヒストグラムを作成し，その谷の明度の値をもって白領域と黒領域の境界とする．この値を用いて 2 値画像を作成する．

図 8.2 は，ロボットの食器片付け作業のための画像処理である．原画 (a) の明度ヒストグラム (b) から閾値 $x_{\mathrm{th}}$ を求め，その値をもって原画から 2 値画像 (c) を生成する．

### 8.3.3 尤度法

**尤度法** (likelihood method) は，パターンベクトル $\boldsymbol{x}$ がクラス $\mathrm{C}_i$ に属するもっともらしさ，すなわち尤度（ゆうど）が $L_i(\boldsymbol{x})$ と定義されるとき，$L_k(\boldsymbol{x}) > L_l(\boldsymbol{x})$，$l = 1, 2, \cdots, n$，$l \neq k$ ならばパターンベクトル $\boldsymbol{x}$ はクラス $\mathrm{C}_k$ に属すると判定する方法である．尤度として具体的にどのような尺度を取るのかは問題ではあるが，ある特徴量をもつパターンについて，それが各クラスに属するとした場合に，そのうちでその特徴量が生起する確率が最大になるようなクラスに属すると判定する方法が一般的である．

ここで $\boldsymbol{x}$ が 1 つの特徴量 $x$ から成るものとし，1 変数 $x$ の確率密度関数 (probability density function) について考える．$a \leq x < b$ である確率を $P(a \leq x < b)$ とするとき，確率密度関数 $P(x)$ は

$$P(a \leq x < b) = \int_a^b p(x) dx \tag{8.5}$$

を満たすものとして定義される．確率密度関数の定義からして，$p(x) \geq 0$，$\int_{-\infty}^{+\infty} p(x) dx = 1$ である．

$p_1(x)$，$p_2(x)$ をそれぞれクラス $\mathrm{C}_1$，$\mathrm{C}_2$ に属するパターンの特徴量 $x$ についての確率密度関数とする．ここで $\mathrm{C}_2$ に属するパターンの特徴量は平均的に $\mathrm{C}_1$ に属するパターンの特徴量より大きいと仮定し，$x < x_{\mathrm{th}}$ ならばクラス $\mathrm{C}_1$ に，$x_{\mathrm{th}} \leq x$ ならばクラス $\mathrm{C}_2$ に属すると判定するものとする．すると，パターンが $\mathrm{C}_1$ に属しているのに $\mathrm{C}_2$ に属すると誤って判定される確率は $\int_{x_{\mathrm{th}}}^{+\infty} p_1(x) dx$，

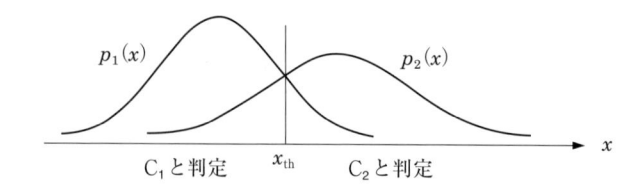

**図 8.3** 尤度法によるパターン識別

パターンが $C_2$ に属しているのに $C_1$ に属すると誤って判定される確率は $\int_{-\infty}^{x_{th}} p_2(x)dx$ である．その合計 $A$ を**識別誤り率**（error probability）といい，それを最小にする $x_{th}$ を求める．

$$A = \int_{x_{th}}^{+\infty} p_1(x)dx + \int_{-\infty}^{x_{th}} p_2(x)dx \tag{8.6}$$

$A$ を $x_{th}$ で微分したものを 0 とおくと

$$\frac{dA}{dx_{th}} = -p_1(x_{th}) + p_2(x_{th}) = 0 \tag{8.7}$$

$$p_1(x_{th}) = p_2(x_{th}) \tag{8.8}$$

これより，図 8.3 のように，$p_1(x) > p_2(x)$ であれば $x$ は $C_1$ に，$p_1(x) \leq p_2(x)$ であれば $C_2$ に属すると判定する．一般化すると，特徴ベクトル $\boldsymbol{x}$ についてクラス $C_i$ に属する確率密度関数が $p_i(\boldsymbol{x})$ であるとき，識別関数 $g_i(\boldsymbol{x}) = p_i(\boldsymbol{x})$ とすることに相当する．

［**例 8.1**］ アジの大きさは 18〜58 cm の範囲で 36 cm で最大の三角形分布，サバの大きさは 40〜90 cm の範囲で 62 cm で最大の三角形分布をなす．尤度法に基づく識別関数を図示すると図 8.4 のようになるので，魚の大きさ $x$ が得られたとき，$x < 50$ でアジ，$x \geq 50$ でサバと判定される．

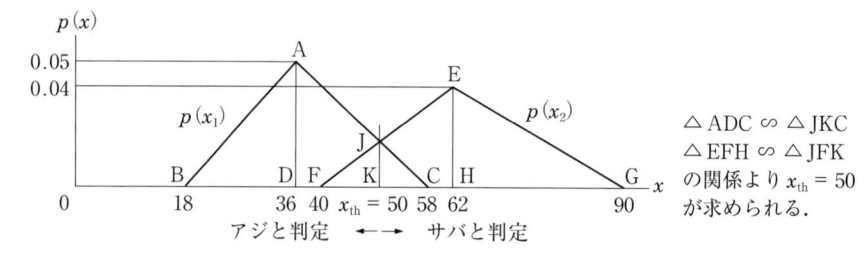

**図 8.4** 尤度法によるパターン識別（例 8.1）

### 8.3.4 ベイズの決定法

クラス $C_1$, $C_2$ があり,各クラスが生起する確率をそれぞれ $P(C_1)$, $P(C_2)$ とする.特徴ベクトル $\boldsymbol{x}$ が得られたとき,それがクラス $C_i$ に属する条件付確率 $P(C_i|\boldsymbol{x})$ を最大にするクラス $C_k$ に属すると判定する.

**ベイズの定理**(Bayes theorem)は以下のようである.

$$P(B|A) = P(B)P(A|B)/P(A) \tag{8.9}$$

すなわち,$A$ が生じたところで $B$ が生じる確率は,$B$ が生じる確率に $B$ が生じたときに $A$ が生じる確率を掛けて $A$ が生じる確率で割ったものである.

> ここでは,事象の生起の前後関係をいうのではなく,事象の生起を知ることの前後関係をいうのである.

これより

$$P(C_i|\boldsymbol{x}) = P(C_i)p(\boldsymbol{x}|C_i)/p(\boldsymbol{x}) \tag{8.10}$$

ここで $p(\boldsymbol{x})$ は各 $C_i$ について共通なので,大小比較は $P(C_i)p(\boldsymbol{x}|C_i)$ について行えばよい.また,$p(\boldsymbol{x}|C_i)$ は 8.3.3 項で示した $p_i(\boldsymbol{x})$ のことであるので,識別関数 $g_i(\boldsymbol{x})$ として次式を用いればよいことになる.

$$g_i(\boldsymbol{x}) = P(C_i)p(\boldsymbol{x}|C_i) = P(C_i)p_i(\boldsymbol{x}) \tag{8.11}$$

図 8.3 で示した例について,ベイズの決定法を適用すれば図 8.5 のようになる.

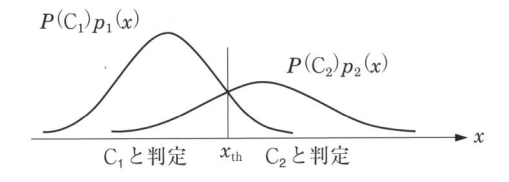

**図 8.5** ベイズの決定法によるパターン識別

[**例 8.2**] 魚の大きさの分布は例 8.1 と同じであるが,アジ,サバの取れる確率はそれぞれ 0.8, 0.2 である.ベイズの決定法によれば,魚の大きさ $x$ が得られたとき,$x < 55$ でアジ,$x \geq 55$ でサバと判定される.

## 8.4 ノンパラメトリックな方法

### 8.4.1 線形識別とその学習

ノンパラメトリックな方法で線形識別を学習することは，パターン認識の最も基本的な手法である．

特徴ベクトル $\boldsymbol{x} = (x_1, x_2, \cdots, x_m)$ を $n$ 個のクラス $C_1, C_2, \cdots, C_n$ に分類するとき，線形識別関数は $x_j$ の 1 次式で表される．すなわち

$$g_i(\boldsymbol{x}) = w_{i1}x_1 + w_{i2}x_2 + \cdots + w_{i,m}x_m + w_{i,m+1} \tag{8.12}$$

この場合行列の形で

$$\begin{pmatrix} g_1 \\ g_2 \\ \vdots \\ g_n \end{pmatrix} = \begin{pmatrix} w_{11} & w_{12} & \cdots & w_{1,m} & w_{1,m+1} \\ w_{21} & w_{22} & \cdots & w_{2,m} & w_{2,m+1} \\ \vdots & \vdots & \cdots & \vdots & \vdots \\ w_{n1} & w_{n2} & \cdots & w_{n,m} & w_{n,m+1} \end{pmatrix} \begin{pmatrix} x_1 \\ x_2 \\ \vdots \\ x_m \\ 1 \end{pmatrix} \tag{8.13}$$

と書くことができる．ここで改めて $x$ を $(m+1)$ 次元のベクトル

$$\boldsymbol{x} = (x_1, x_2, \cdots, x_m, 1) \tag{8.14}$$

$$W = (w_{ij}), \quad i = 1, 2, \cdots, n, \quad j = 1, 2, \cdots, m+1 \tag{8.15}$$

と書き直せば，式 (8.13) は

$$g(\boldsymbol{x}) = W\boldsymbol{x}^{\mathrm{T}} \tag{8.16}$$

と書き直される．ここで式 (8.14) の $\boldsymbol{x}$ を**拡張パターンベクトル**（augmented pattern vector）と呼び，$W$ を**荷重行列**（weight matrix）と呼ぶ．与えられた特徴ベクトル $\boldsymbol{x}$ について，$n$ 個の識別関数のうちで最大の値をとるものが $g_k(\boldsymbol{x})$ であれば，$\boldsymbol{x}$ はクラス $C_k$ に属すると判定する．

> 識別関数は，識別相で用いられるのは当然であるが，学習相でも未完成な識別結果を出して自身を修正するのに用いられる．

線形識別の仕組みを図式的に表したものを図 8.6 に示す．

パターン識別学習では，それぞれどのクラスに属するかわかっている有限個の教育パターンベクトル $\{\boldsymbol{x}_d\}$ が与えられる．このデータに基づいて，識別関数を求めることがパターン識別学習となるわけである．集合 $N = \{1, 2, \cdots, n\}$

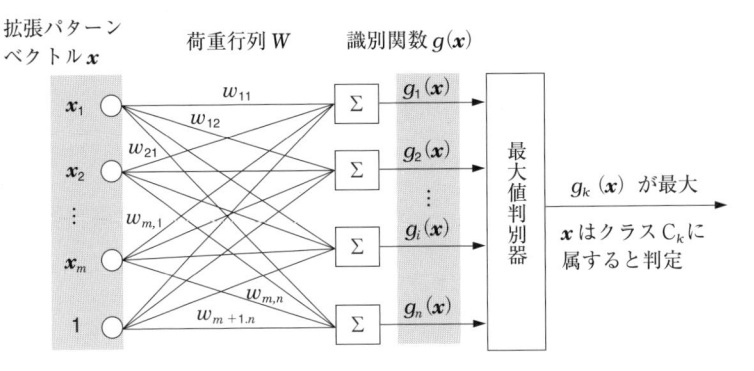

図 8.6 線形識別の概念図

を定義する．クラス $C_\sigma$ に対応する荷重ベクトルを $w(\sigma)$ と書く．すなわち

$$W = \begin{pmatrix} w(1) \\ w(2) \\ \vdots \\ w(n) \end{pmatrix} \tag{8.17}$$

いま $x_k$ を $k$ 番目の教育パターンベクトル（$m+1$ 次元）とし，$w_k(\sigma)$ をクラス $C(\sigma)$ に対応する $k$ 番目の教育手順における荷重ベクトルとする．このときパターン $x_k$ がクラス $C_\alpha$ に属する場合には次のような 2 つの場合が生じる．

（ⅰ） $\quad \forall \mu \{(\mu \in N,\ \mu \neq \alpha) \rightarrow (w_k(\alpha) \cdot x_k > w_k(\mu) \cdot x_k)\} \tag{8.18}$

（ⅱ） $\quad \exists \gamma \{w_k(\alpha) \cdot x_k \leq w_k(\gamma) \cdot x_k,\ \gamma \in N,\ \gamma \neq \alpha\} \tag{8.19}$

すなわち（ⅰ）は正解を与える場合であり，（ⅱ）は 1 つ以上の誤りがある場合である．誤りを与える教育パターンベクトルの番号 $\gamma$ の集合を $\Gamma$ とする．すなわち

$$\Gamma = \{\gamma | w_k(\alpha) \cdot x_k \leq w_k(\gamma) \cdot x_k,\ \gamma \in N,\ \gamma \neq \alpha\}$$

おのおのの場合における教育手順を次のように与える
（ⅰ）の場合は修正を行わない．すなわち

$$w_{k+1}(\mu) = w_k(\mu) \tag{8.20}$$

（ⅱ）の場合には次の修正を行う．

$$\begin{cases} w_{k+1}(\alpha) = w_k(\alpha) + Cx_k \\ w_{k+1}(\gamma) = w_k(\gamma) - Cx_k & \gamma \in \Gamma \\ w_{k+1}(\mu) = w_k(\mu) & \mu \in N, \mu \neq \alpha, \mu \notin \Gamma \end{cases} \tag{8.21}$$

ここで $C$ は任意の正の定数である．有限個の教育パターンベクトル $\{\boldsymbol{x}_d\}$ に対して循環的にこのような処理を行い，すべての $\{\boldsymbol{x}_d\}$ に対して（i）の条件が満足されるようになったときこの教育手順は終了する．教育パターンベクトルが線形分離可能である場合，これらの手順によって教育が有限回の手順で終了することが証明されている．

最大の値を示すべき識別関数 $g_\alpha(\boldsymbol{x})$ の修正後の値は，式 (8.21) によって
$$\boldsymbol{w}_{k+1}(\alpha)\cdot\boldsymbol{x}_k = \boldsymbol{w}_k(\alpha)\cdot\boldsymbol{x}_k + C\boldsymbol{x}_k\cdot\boldsymbol{x}_k$$
となり，$\boldsymbol{x}_k\cdot\boldsymbol{x}_k$ は正であるので，修正前より $C\boldsymbol{x}_k\cdot\boldsymbol{x}_k$ だけ増加していることがわかる．誤りを与える $g_\gamma(\boldsymbol{x})$ は $C\boldsymbol{x}_k\cdot\boldsymbol{x}_k$ だけ減らされている．

またさらに教育条件を厳しくして，パターン $\boldsymbol{x}_k$ がクラス $C_\alpha$ に属しているとき
$$\forall\mu\{(\mu\in N,\ \mu\neq\alpha)\to(\boldsymbol{w}_k(\alpha)\cdot\boldsymbol{x}_k - M_1 \geq \boldsymbol{w}_k(\mu)\boldsymbol{x}_k)\} \quad (8.22)$$
のとき正解を与え
$$\exists\gamma\{\boldsymbol{w}_k(\alpha)\cdot\boldsymbol{x}_k - M_1 < \boldsymbol{w}_k(\gamma)\cdot\boldsymbol{x}_k,\ \gamma\in N,\ \gamma\neq\alpha\} \quad (8.23)$$
のとき誤りを与えるものとする．ここで $M_1$ は正の定数とする．誤りを与える $\gamma$ の集合を $\Gamma'$ とする．すなわち
$$\Gamma' = \{\gamma\ |\ \boldsymbol{w}_k(\alpha)\cdot\boldsymbol{x}_k - M_1 < \boldsymbol{w}_k(\gamma)\cdot\boldsymbol{x}_k,\ \gamma\in N,\ \gamma\neq\alpha\}$$
さらに誤りの場合の修正方法として
$$\begin{cases}\boldsymbol{w}_{k+1}(\alpha) = \boldsymbol{w}_k(\alpha) + C_k\boldsymbol{x}_k \\ \boldsymbol{w}_{k+1}(\gamma) = \boldsymbol{w}_k(\gamma) - C_k h_k(\gamma)\boldsymbol{x}_k & \gamma\in\Gamma' \\ \boldsymbol{w}_{k+1}(\mu) = \boldsymbol{w}_k(\mu) & \mu\in N,\ \mu\neq\alpha,\ \mu\notin\Gamma'\end{cases} \quad (8.24)$$
を用いる．ここで $C_k$ は正の数，$h_k(\gamma)$ は非負の数で
$$\sum_\gamma h_k(\gamma) = 1,\ \gamma\in\Gamma'$$
を満足するものとする．教育パターンベクトルが線形分離可能である場合，式 (8.24) で与えられる手順によって教育が有限回の手順で完了することが証明されている．この場合 $C_k$ の値を決めるのに（1）固定増分法，（2）絶対訂正法の2つがある．（1）は $C_k$ を定数とするものである．（2）は各パターンベクトルに対して必ず正解側に入るように荷重ベクトルを移動させる方法である．

### 〈参考プログラム LinearDiscrim.cpp の説明〉

応用事例として，5つのクラスに属する12個の2次元ベクトルを教育パターンベクトルとして線形識別を学習する．誤り訂正法としては，(2) 絶対訂正法を採用している．式 (8.23) で最も大きい $w_k(\gamma) \cdot x_k$ の値を与える $\gamma$ を $\gamma_{\max}$ とし

$$C_k = \{w_k(\gamma_{\max}) \cdot x_k - w_k(\alpha) \cdot x_k + M_2\}/(2x_k \cdot x_k) \tag{8.25}$$

と定め，さらに $h_k(\gamma)$ は，$w_k(\gamma) \cdot x_k - \{w_k(\gamma_{\max}) \cdot x_k - C_k x_k \cdot x_k\} > 0$ を満たす $\gamma$ について，この式の左辺の値に比例しかつ合計が1になるように定める．ここで $M_2$ は，$M_1$ よりやや大きい定数である．

### 8.4.2 線形分離可能

いま，パターン空間が2次元であり，パターンベクトルの分布が図8.7 (a) のようであるとしよう．ここで2つのクラス $C_1$（□）と $C_2$（△）のパターンベクトルは1本の直線によって2つの領域に分けられる．この場合，$C_1$ と $C_2$ は **線形分離可能** (linearly separable) であるという．$C_1, C_2$ の識別関数を $g_1(x), g_2(x)$ とすると，つまるところ $g_1(x) - g_2(x)$ の正負によってクラス分けをすることになり，パターン空間での境界線の方程式は次式で与えられる．

$$g_1(x) = g_2(x) \tag{8.26}$$

$n$ 個のクラス ($n \geq 3$) があり，パターンベクトルの分布が図8.7 (b) のようであれば，いくつかの直線によってパターン空間をクラスに区分できる．この場合，各クラスに1個の線形識別関数を割り当て，パターンベクトル $x$ に

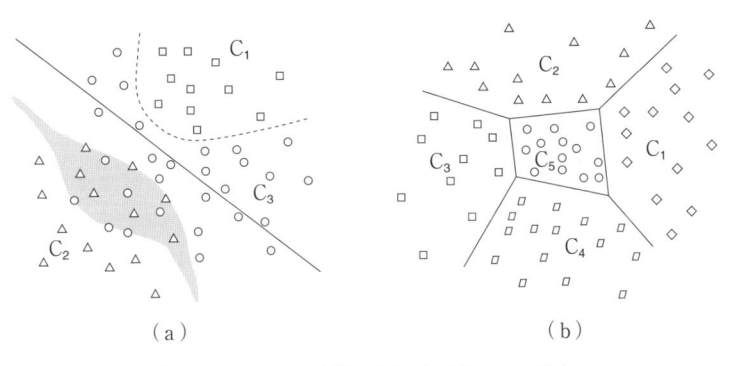

**図 8.7** パターン空間におけるパターンの分布

ついて $n$ 個の識別関数の中で $g_k(\boldsymbol{x})$ が最大の値を示せば $\boldsymbol{x}$ はクラス $C_k$ に属すると判定する方法が可能となる場合には，これを**大域的に線形分離可能**（globally linearly separable）であるという．

　8.3.2 項の学習方法では，$n \geq 3$ の場合，大域的に線形分離可能でなければ学習は完了しない．

パターン空間を多次元超空間であるとすると，パターン空間でのクラス $C_j$ と $C_k$ の領域の境界となる超平面の方程式は次式で与えられる．

$$g_j(\boldsymbol{x}) = g_k(\boldsymbol{x}) \tag{8.27}$$

また，各クラスの領域は凸の超立体または超半空間になる．

図 8.7 (a) に示す $C_1$（□）と $C_3$（○）のクラスは，1 本の直線によって 2 つの領域に分けることはできない．また，$C_2$（△）と $C_3$（○）についても同様である．これらは線形分離可能でないといわれる．$C_1$ と $C_3$ についてはパターン空間における境界は直線ではないが明確であり，後述のニューラルネットワークの方法で分離可能となるであろう．$C_2$ と $C_3$ のように境界が混然としている場合には，特徴量を増やしてパターンベクトルの次元を上げると分離可能となるかもしれない．

　パターンベクトルの分布によっては，任意の 2 つのクラスは線形分離可能であるが，大域的に線形分離可能ではないことがありうる．

　大域的に線形分離可能でない場合，各クラスの領域をいくつかのサブクラスに分割すると，全サブクラスについて線形分離可能となる可能性がある．識別では，まずパターンベクトルをサブクラスに分類し，次にクラスにまとめる．この識別方法を区分的線形識別という．8.3.1 項で述べた最近隣法はこの方法である．

### 8.4.3　コネクショニズム

　人間の脳の神経生理学的構造・挙動の研究が進み，神経細胞および神経網の働きが解明されてきた．神経細胞は，図 8.8 に示すように，細胞体からいくつかの樹状突起と 1 本の長い軸索が出ている．軸索の先は分かれて軸索終末となっている．樹状突起は他の神経細胞からの軸索終末とシナプス結合している．神

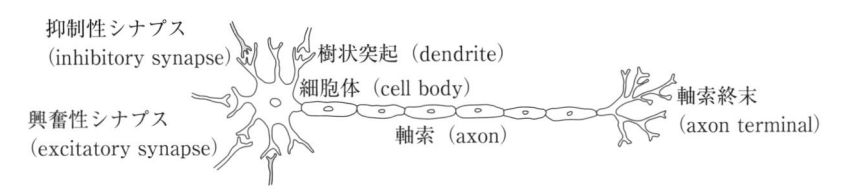

図中ラベル:
抑制性シナプス (inhibitory synapse)
樹状突起 (dendrite)
細胞体 (cell body)
軸索終末 (axon terminal)
興奮性シナプス (excitatory synapse)
軸索 (axon)

**図 8.8** 神経細胞 (neuron)

経細胞は，細胞体から軸索を通り軸索終末に電気パルス信号を送ることにより情報伝達を行う．細胞体は，エネルギー準位をもち，他の神経細胞からのパルスをシナプスを通して受け取り，準位を高めたり（興奮性シナプス），低めたり（抑制性シナプス）する．準位が一定値に達するとパルスを発射し，準位は0に戻る．シナプス結合は，よく使われるものほど強くなるという仕組みになっている．この神経細胞のネットワークにより脳の働き・学習が実現されるという．

神経網による情報処理を規範とし，神経網に類似した構造を人工的に作成して情報処理を行わせるという発想が生まれた．その基本的な考えは以下のようである．

入力層，出力層，および必要ならばいくつかの中間層から成る多層構造を考える．各層はいくつかのユニットから成る．ある層のユニットは，前層のいくつかのユニットの出力信号に適切な荷重（正負）をかけて加算する．そして，その合計値に単純な処理（たとえば閾値処理）を施して出力値とする．

そのために，以下の特徴をもつ．
・要素数は多いが構造は単純である．
・学習で荷重の値を適切なものにすることによって，機能を獲得する．
・処理は全体で行う．そのためどの部分で何を行うかというような分析はできない．

このような手法に，**コネクショニズム**（connectionism）という名がつけられた．

1958年，ローゼンブラット（Frank Rosenblatt, 1928-1969）は**パーセプトロン**（perceptron）の考えを発表した[22]．パーセプトロンは閾値処理のような非線形処理部分をもたないため，本質的に，8.4.1項で述べた線形識別と同等

である．

　線形識別の限界を克服するために閾値処理などのような非線形処理を行うユニットの導入が望まれたが，荷重調整を行う適切な学習方法が見つけられなかった．1986年，ルーメルハート（David Rumelhart，1942-）は，**誤差逆伝播法**（back propagation method）を発表した[23]．これより，**ニューラルネットワーク**（neural network）は非線形処理を行うものを指すようになり，その後，研究と応用が大いに進んだ．

### 8.4.4　ニューラルネットワーク

　ニューラルネットワークは，入力ベクトルと出力ベクトルの間の非線形的な投影を学習し，実行するものである．線形識別ではできなかったパターン空間の非線形的区分にも可能性をもたらす．その構造と学習方法をみていこう．

　ニューラルネットワークは，図8.9に示すように，いくつかの層から成り，各層はいくつかのユニットから成る．1つのユニットを取り出してその周囲の

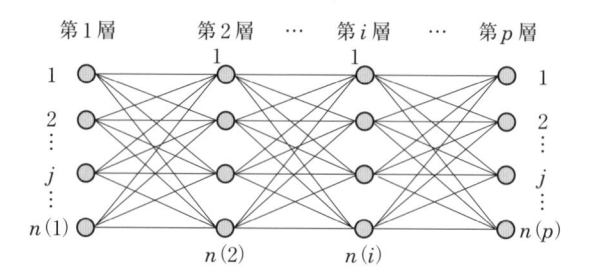

**図8.9**　ニューラルネットワークにおける層とユニット

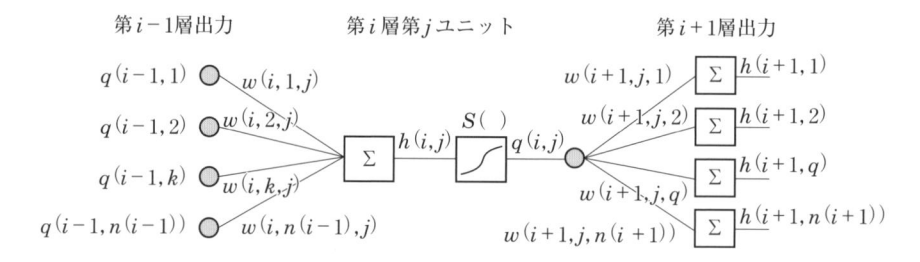

**図8.10**　ニューラルネットワークにおけるユニットの働き

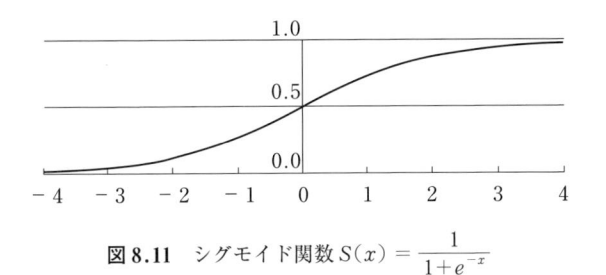

**図 8.11** シグモイド関数 $S(x) = \dfrac{1}{1+e^{-x}}$

つながりを示したものが図 8.10 である．

まず，変数や関数を以下のように定義する．

$p$：層の数．

$n(i), i = 1, 2, \cdots, p$： 第 $i$ 層のユニットの数．ただし，第 1 層の $n(1)$ は入力パターンベクトル $\boldsymbol{x}$ の次元数 (すなわち $\boldsymbol{x} = (x(j)), j = 1, 2, \cdots, n(1))$，最終層の $n(p)$ は出力ベクトルの次元数である．

$g(i, j), i = 1, 2, \cdots, p, j = 1, 2, \cdots, n(i)$： 第 $i$ 層第 $j$ ユニットの出力．ただし，第 1 層の $g(1, j) = x(j), j = 1, 2, \cdots, n(1)$ は入力パターンベクトルであり，最終層の $g(p, j), j = 1, 2, \cdots, n(p)$ は出力ベクトルである．

$w(i, k, j), i = 2, 3, \cdots, p, k = 1, 2, \cdots, n(i-1), j = 1, 2, \cdots, n(i)$： 第 $i-1$ 層第 $k$ ユニットと第 $i$ 層第 $j$ ユニットを結ぶ荷重．

$h(i, j), i = 2, 3, \cdots, p, j = 1, 2, \cdots, n(i)$： 第 $i$ 層第 $j$ ユニットへの入力，すなわち

$$h(i, j) = \sum_{k=1}^{n(i-1)} w(i, k, j) g(i-1, k) \tag{8.28}$$

$S(x)$： ユニットの入力から出力を決める関数．すなわち

$$g(i, j) = S(h(i, j)) \tag{8.29}$$

ここでは，**シグモイド関数**（sigmoid function）または**ロジスティック関数**（logistic function）という下記の関数を用いる．

$$S(x) = \frac{1}{1+e^{-x}} \tag{8.30}$$

この関数の微分形は，もとの形 $S(x)$ を用いて計算できる．

$$S'(x) = \frac{dS(x)}{dx} = \frac{e^{-x}}{(1+e^{-x})^2} = \frac{1}{1+e^{-x}}\left(1 - \frac{1}{1+e^{-x}}\right)$$
$$= S(x)(1-S(x)) \tag{8.31}$$

次に，学習の段階に進む．$\boldsymbol{b} = (b(j))$, $j = 1, 2, \cdots, n(p)$ を，入力されるある教育パターンベクトル $\boldsymbol{x}$ に対する望ましい出力ベクトルとして定義する．さらに，実際の出力と $\boldsymbol{b}$ との差の 2 乗和として $E$ を定義する．

$$E = \frac{1}{2}\sum_{j=1}^{n(p)}\bigl(g(p,j) - b(j)\bigr)^2 \tag{8.32}$$

学習では $E$ を最小化する．そのため

$$w'(i,k,j) = w(i,k,j) - \rho\frac{\partial E}{\partial w(i,k,j)} \tag{8.33}$$

と荷重を修正する．$w'(i,k,j)$ は修正後の荷重，$\rho$ は正の定数である．

次式から，式 (8.33) による $w(i,k,j)$ の修正によって，$E$ がより小さい値に修正されることがわかる．

$$E' - E = \frac{\partial E}{\partial w(i,k,j)}\bigl(w'(i,k,j) - w(i,k,j)\bigr)$$
$$= -\frac{1}{\rho}\bigl(w'(i,k,j) - w(i,k,j)\bigr)^2 < 0$$

ここで $\varepsilon(i,j)$ を

$$\varepsilon(i,j) = \frac{\partial E}{\partial h(i,j)} \tag{8.34}$$

と定義する．$E$ を $w(i,k,j)$ で偏微分すると，式 (8.34), (8.28) を用いて

$$\frac{\partial E}{\partial w(i,k,j)} = \frac{\partial E}{\partial h(i,j)}\frac{\partial h(i,j)}{\partial w(i,k,j)} = \varepsilon(i,j)g(i-1,k) \tag{8.35}$$

ここで $\varepsilon(i,j)$ をさらに変形すると，式 (8.29) を用いて

$$\varepsilon(i,j) = \frac{\partial E}{\partial h(i,j)} = \frac{\partial E}{\partial g(i,j)}\frac{\partial g(i,j)}{\partial h(i,j)}$$
$$= \frac{\partial E}{\partial g(i,j)}S'(h(i,j)) = YZ \tag{8.36}$$

$Y$ の部分は，$i = p$，すなわち出力層の場合は，式 (8.32) より次式となる．

## 8.4 ノンパラメトリックな方法

$$\frac{\partial E}{\partial g(p,j)} = g(p,j) - b(j) \tag{8.37}$$

また $i \neq p$, すなわち中間層の場合は次式となる.

$$\frac{\partial E}{\partial g(i,j)} = \sum_{q=1}^{n(i+1)} \frac{\partial E}{\partial h(i+1,q)} \frac{\partial h(i+1,q)}{\partial g(i,j)}$$

$$= \sum_{q=1}^{n(i+1)} \varepsilon(i+1,q) w(i+1,j,q) \tag{8.38}$$

$Z$ の部分は,式 (8.31) より

$$S'(h(i,j)) = g(i,j)(1-g(i,j)) \tag{8.39}$$

合わせて, $i = p$, すなわち出力層の場合は

$$\varepsilon(p,j) = \frac{\partial E}{\partial g(p,j)} S'(h(p,j))$$

$$= \big((g(p,j) - b(j)\big) g(p,j)\big(1 - g(p,j)\big) \tag{8.40}$$

また $i \neq p$, すなわち中間層の場合は

$$\varepsilon(i,j) = \frac{\partial E}{\partial g(i,j)} S'(h(i,j))$$

$$= \left(\sum_{q=1}^{n(i+1)} \varepsilon(i+1,q) w(i+1,j,q)\right) g(i,j)(1-g(i,j)) \tag{8.41}$$

$\varepsilon(i,j)$ は,最終層では出力の差,中間層では次層の $\varepsilon(i+1,q)$ を用いて算出できることが示された.式 (8.33) は,式 (8.35) を用いると

$$w'(i,k,j) = w(i,k,j) - \rho \varepsilon(i,j) g(i-1,k) \tag{8.42}$$

となるので,式 (8.41) を用いると,荷重 $w(i,k,j)$ は $i = p, i = p-1, \cdots, i = 2$ というように後から順に修正していくことができることがわかる.これが誤差逆伝播法である.こうして 1 個の教育パターンベクトル $\boldsymbol{x}$ について荷重を修正する方法が示された.

〈参考プログラム neuralnetwork.cpp の説明〉

応用事例として,4 層から成るニューラルネットワークを構成する.2 次元ベクトルの入力 $(x, y)$ ($x, y = 0, \pm 0.5, \pm 1$) に対して 2 次元ベクトル $(0.3xy+0.5,\ 0.3(x^2-y^2)+0.5)$ を出力する.シグモイド関数の出力が 0 〜1 の範囲なので,出力ベクトルの成分の値は $(xy, x^2-y^2)$ が 0.2〜0.8 に

なるように正規化している．学習は $w$ の初期値に依存するため，初期値は 0 でなくランダムに与えている．

〈8 章問題〉

**8.1** 尤度法およびベイズの決定法について (a) と (b) の問に答えよ．

1つの特徴量 $x$ をもつパターンの識別を行う．クラス C1 に属するパターンの特徴量の生起確率は $(0.0 \leq x < 10.0)$ の間で二等辺三角形分布を，クラス C2 に属するパターンの特徴量の生起確率は $(7.0 \leq x < 12.0)$ の間で二等辺三角形分布をなす．$x$ の値が下記の (1)〜(4) であるとき，それぞれの属するクラスを判定しようと思う．

(1) 7.5　(2) 8.0　(3) 8.5　(4) 9.0

(a) 尤度法に基いて，(1)〜(4) がどのクラスに属するか判定せよ．

(b) C1 に属するパターンおよび C2 に属するパターンの生起確率はそれぞれ 0.7 および 0.3 である．ベイズの決定法に基づいて，(1)〜(4) がどのクラスに属するか判定せよ．

**8.2** A さんは線形識別によるパターン識別を行おうと思って，$m$ 個の特徴量から成る $m$ 次元パターンベクトル $(x_1, x_2, \cdots, x_m)$ を考え，$n$ 個のクラスについてそれぞれいくつかの教育パターンベクトルを得て識別学習を行ったところ，線形分離不可能であることがわかった．A さんは，特徴量のうちの1つを除いて $m-1$ 次元の教育パターンベクトルにすれば線形分離可能になる可能性もあるかなと思ったが，そのような可能性はないことに気がついた．

(a) ある教育パターンベクトル $(x_1, x_2, \cdots, x_m)$ の組が線形分離不可能であるときに，それぞれからその特徴量の特定の1つ $(x_j)$ を除いて作った教育パターンの組は線形分離不可能であることを証明せよ．

A さんは特徴量を1つ増やせば線形分離可能になるかと考えた．

(b) ある教育パターンベクトル $(x_1, x_2, \cdots, x_m)$ の組が線形分離不可能であるときに，特徴量を1つ追加 $(x_{m+1})$ して作った教育パターンの組は線形分離可能になる可能性があることを証明せよ．

### パターンはなぜあるのか

　人間でも動物でも，生きていくためには，環境などの状況に対応して適切な行動をとっている．環境の可能な状況を区分して，現実の状況がその区分のどれに相当するかによって行動の種類を選んでいる．たとえば，イヌの行く手に溝があれば，イヌは，その幅に応じて，それを跳び越えるか，進むことをあきらめるかなどの行動選択をしなければならない．そのために，溝を幅で区分する．そのときに始めて，溝の幅というパターンが出現する．すなわち，パターンは環境それ自身の本来もっている性質ではなく，イヌと環境との相互関係として現れるものである．これを哲学では「パターンは実在しない」といい，仏教では「パターンは空である」あるいは「色即是空」などという．アフォーダンスも同様であると考えられる[24]．

　人間は事象に対応して行動するとき，事象をパターンとしてとらえなければ，すなわちパターン認識によって事象を識別し名前をつけなければ行動できない．パターン認識は人間の生存にとって不可欠な能力である．

# 9 パターン認識（II）：構造的方法

**構造的パターン認識**（structural pattern recognition）は，**構文的パターン認識**（syntactic pattern recognition）ともいわれる．典型的には，パターンを前処理によって有限個の記号列（string of symbols）に変換し，文法などのような構文解析手法を用いてクラスに分類するものである．

## 9.1 生成文法

自然言語の構造を記述する文法をパターン認識に応用するものである．ここでは，自然言語の形式的なモデルとしてチョムスキー（Noam Chomsky, 1928-）が考案した**生成文法**（generative grammar）を取り上げ，その一部分である**句構造文法**（phrase structure grammar）を利用する[25]．

句構造文法 G は 4 項組み G = (Vs, Vr, P, S) で定義される．

- Vs：**非終端記号**（non-terminal symbol, さらに書き換えられる記号）の集合
- Vr：**終端記号**（terminal symbol, それ以上書き換えられない記号）の集合
- P：**書き換え規則**（rewrite rule, production rule）の集合
- S：**文開始記号**（start symbol）

文開始記号が次々と書き換えられ最終的に終端記号のみから成るものが得られる．これを，文法 G が生成する**文**（sentence）という．また，L(G) を文法 G が生成するすべての文の集合とする．

[**例 9.1**] 以下の句構造文法 G を考える．

Vs = {〈文〉, 〈名詞句 1〉, 〈名詞句 2〉, 〈冠詞〉, 〈形容詞〉, 〈名詞〉, 〈動詞句〉, 〈動詞〉, 〈副詞〉}

Vr = {the, a, little, big, boy, girl, dog, ran, walked, quickly, slowly}

P = {〈文〉→〈名詞句 1〉〈動詞句〉, 〈名詞句 1〉→〈冠詞〉〈名詞句 2〉, 〈名詞句 2〉→〈形容詞〉〈名詞〉 | 〈名詞〉, 〈動詞句〉→〈動詞〉〈副詞〉 | 〈動詞〉, 〈冠詞〉→the | a, 〈形容詞〉→little | big, 〈名詞〉→boy | girl | dog, 〈動詞〉→ran | walked, 〈副詞〉→quickly | slowly}

S = 〈文〉

ここで「|」は選択肢を表す．たとえば，〈冠詞〉→the | a は〈冠詞〉→the と〈冠詞〉→a の書き換え規則をまとめて表したものである．

文法 G = (Vs, Vr, P, S) は，たとえば図 9.1 に示す書き換えを行えば，"the little boy ran quickly" という文を生成する．また別の書き換えを行えば，"a big girl walked slowly"，"the big dog ran" の文を生成する．しかし "a girl little quickly walked" という文は生成しない．

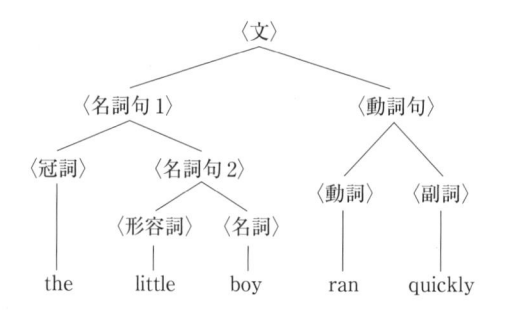

**図 9.1** 生成文法による文の生成の例

[**例 9.2**] 以下の文法 G3 の生成する文を考えてみよう．

G3 = ({B, F}, {0, 1}, {B→0B, B→F, F→1F, F→1}, B)

1, 111, 01, 0000111 は G3 の生成する文であるが，0, 00, 00110, 1100011 はそうではない．

G3 では，B→0B や F→1F のように，→の左の記号が→の右に現れることがある．これを**再帰的な書き換え**（recursive rewrite）という．例 9.1 で

はそのような例はない．

［**例 9.3**］ 句構造文法を染色体の認識に応用した Ledley らの例をあげる[26]．
Vs = {⟨submedian chromosome⟩, ⟨telecentric chromosome⟩, ⟨arm pair⟩,
　　　⟨left part⟩, ⟨right part⟩, ⟨arm⟩, ⟨side⟩, ⟨bottom⟩}
Vr = {a, b, c, d, e}
P = {⟨submedian chromosome⟩→⟨arm pair⟩⟨arm pair⟩,
　　　⟨telecentric chromosome⟩→⟨bottom⟩⟨arm pair⟩,
　　　⟨arm pair⟩→⟨side⟩⟨arm pair⟩ | ⟨arm pair⟩⟨side⟩ | ⟨left part⟩⟨arm⟩
　　　| ⟨arm⟩⟨right part⟩,
　　　⟨left part⟩→⟨arm⟩c, ⟨right part⟩→c⟨arm⟩, ⟨side⟩→b⟨side⟩ | ⟨side⟩b | b | d,
　　　⟨arm⟩→b⟨arm⟩ | ⟨arm⟩b | a, ⟨bottom⟩→b⟨bottom⟩ | ⟨bottom⟩b | e}
S1 = ⟨submedian chromosome⟩, S2 = ⟨telecentric chromosome⟩

染色体の認識では，図 9.2 に示すように，前処理によって染色体の画像の外周を調べ，a：とがり，b：平ら，c：くぼみ，d：浅いへこみ，e：ふくらみ と記号化し，全周を記号列に変換する．識別では，得られた記号列が，文法 G1 =（Vs, Vr, P, S1）より生成されるものであれば submedian chromosome であり，文法 G2 =（Vs, Vr, P, S2）より生成されるものであれば telecentric chromosome であり，いずれの文法からも得られなければいずれでもないと判定される．

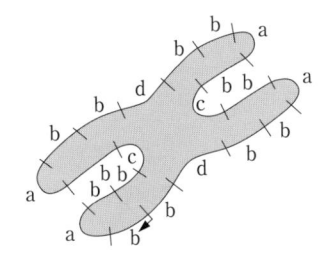

　記号例　babbcbabbdbbabcdabbdb　　　記号例　bebbabcbbab
　（a）submedian chromosome　　　　　（a）telecentric chromosome

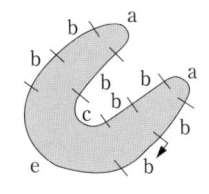

**図 9.2**　句構造文法による染色体の識別

## 9.2 マルコフ情報源

前処理によってパターンが記号列に変換されるとする．また，パターンのいくつかのクラスに対応してマルコフ情報源があるものとする．パターンの記号列が，あるマルコフ情報源から出力される確率を算定する．その確率が所定の値以上であれば，その記号列はそのクラスに属すると判定する．

> 1章では，情報源は文字列を出力すると述べたが，ここでは同じ意味で記号列と表現する．

音声認識では，発音される単語を認識するという課題がある．単語の発音では，音の性質が時間的に変化するが，その変化の過程が単語によって決まっていてパターンを構成する．この過程をマルコフ情報源の記号列出力と見なし，単語ごとにマルコフ情報源を設定する．

［**例 9.4**］ 図 9.3 は，単語 aoi を発音する情報源である．図 (a) はその状態遷移図である．0.1 秒ごとに記号を出力する．記号 a, o, i は音声 /a/, /o/, /i/ であるとする．図 (b) は時刻 $t$ における状態の生起確率である．情報源は音声 /aoi/ をすばやくからゆっくりの範囲で（中間値としては3秒間で）出力する．このように後戻りしないモデルを left-to-right model という．

音声認識では，計測した音声を前処理によって一定時間間隔で出現する記号の列（音素，phoneme）に変換し，その記号列がどのマルコフ情報源の出力と見なせるかを調べ，音声の単語を判定する．実際には，1章でみたものよりも高度な，**隠れマルコフモデル**（hidden Markov model, HMM）が用いられる．二重，三重のマルコフ過程が用いられる，状態の縮退があるなどの特徴があるが，詳しい説明は省略する．

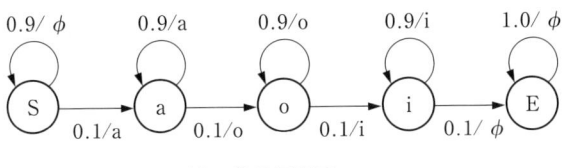

(a) 状態遷移図

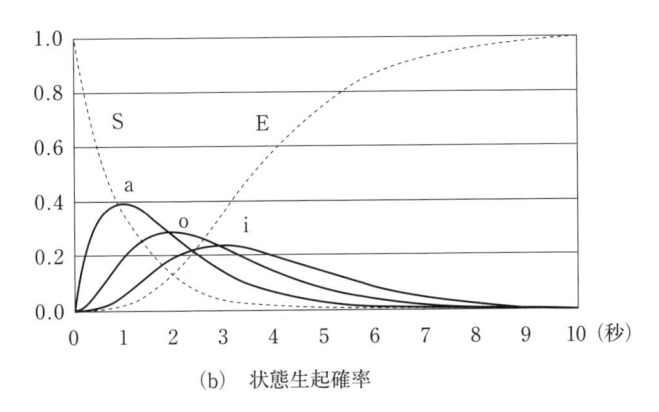

(b) 状態生起確率

図 9.3 単語 aoi を発音すマルコフ情報源

## 9.3 決 定 木

パターンを表現する複数個の特徴量を用いてパターンを分類するために，**決定木**（decision tree）を用いる方法がある．たとえば，日本で使われている最新版の硬貨を識別するための決定木の一例を図 9.4 に示す．

パターン空間法では事前にすべての特徴量を用意しなければならないのに対して，決定木による方法では判定過程で必要に応じて特徴量を得ればよいという利点がある．

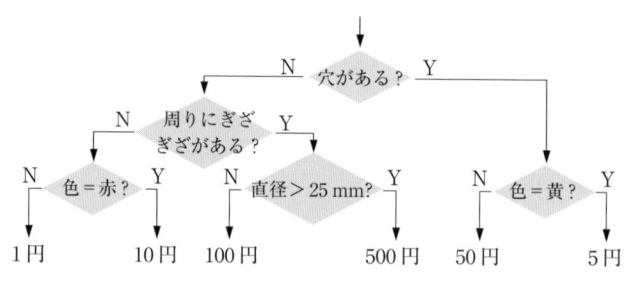

```
                    ↓
                 ┌─穴がある?─┐
               N │          │ Y
        ┌─周りにきざ─┐      │
      N │ ぎざがある? │ Y    │
   ┌─色=赤?─┐   ┌─直径>25mm?─┐  ┌─色=黄?─┐
 N │      │ Y N │         │ Y N│      │ Y
  1円   10円  100円     500円  50円    5円
```

図 9.4 硬貨を識別する決定木

**〈9 章問題〉**

**9.1** 文法 G4 = ({S}, {a, b, c}, {S→aSa, S→Sc, S→b}, S) がある.

(a) G4 から生成される最も短い（最も文字数の少ない）文は何か. 異なるものをあるだけ示せ.

(b) G4 から生成され, a, b, c のすべてを含む最も短い文は何か. 異なるものをあるだけ示せ.

(c) 次の文は G4 から生成される文か否かを示せ.

(1) aaaabaacc　　(2) bbaacc　　(3) aabccaa　　(4) aabacac

**9.2** 「変数」は英字で始まる英数字の並び,「定数」は 0, または 0 以外の数字で始まる数字の並びとする. 英字は a, b, c, 数字は 0, 1, 2 のみとする. たとえば, a, bc, c1, ac02bb1 は変数であり, 0, 1, 2001 は定数であり, 02, 2b1c はいずれでもない.

「変数」を生成する文法を Gv = (Vs, Vr, P, 〈変数〉),「定数」を生成する文法を Gc = (Vs, Vr, P, 〈定数〉) とする. 両者は文開始記号のみ異なるものとする. Vs は下記のものとする. Vr, P を作れ.

Vs = {〈変数〉, 〈定数〉, 〈英数字の並び〉, 〈数字の並び〉, 〈英字〉, 〈数字〉}

## パターン認識と言語

　人間が環境に対して行動を起こすとき，環境のある範囲の現れ方 A について試行錯誤的に行動 a を行い，別の範囲の現れ方 B について a とは異なる行動 b を行う．これらの行動がうまくいけば，A, B, a, b に名前をつけ，A→a, B→b という行動様式を身につける．この行動様式では，まず，環境が A と現れるか B と現れるかを見極めなければならない．すなわちパターン識別をしなければならない．この試行錯誤的なパターン識別獲得がパターン認識である．このパターン認識と名前付けによって，はじめて自分の行動を言語によって記述できる．環境の現れを A, B と区切ることを**分節**（segmentation）という．

　例をあげれば，香を聞くとか酒を聞くとかいうことの訓練は，まさにパターン認識であり，その過程は，感覚の分節と名前付けとして，言語的には表現される．

　この行動様式が確立してくると，環境のパターン識別（＝名前付け）に基づいて行動を決めるようになる．すると今度は名前を基準にして環境を眺めることになる．すなわち，環境をありのままにみることができなくなる．

　「分別」という言葉は，このあたりのことをいう言葉である．よい意味で使われるならば，A, B を適切に見分けそれぞれに対して適切な行動をとることをいう．一方，仏教では「分別」はあまりいい意味では使われていない．行動 a, b の主観的な評価に左右されて A, B のパターン識別が行われる．すなわちパターン認識は人間の主観的評価の投影でしかないというわけである．

　パターン認識と分別とは非常に関連深いと思われる．工学と哲学の結び付きの一端がうかがえるかもしれない．

# 10 パターン認識(III)：前処理

本章では，パターン認識の実装で通常最も苦労の多い前処理について議論する．さらに著者が行ったパターン認識の事例をあげて，前処理を含むパターン認識の全過程を示す．

## 10.1 前処理とは何か

8章の最初に，パターン認識は，観測−前処理−識別という過程で行われると述べた．この過程をより詳しく示したものが図10.1である．8章・9章で，パターンの特徴量から成るパターンベクトルまたは記号列を用いてパターンをクラスに識別するアルゴリズムをみてきた．前処理は，その前に位置し，事象の観測によって得られたデータを整形したり圧縮したりした後，特徴量を抽出してパターンベクトルまたは記号列に変換し，後段の識別アルゴリズムにかけられるようにする処理である．

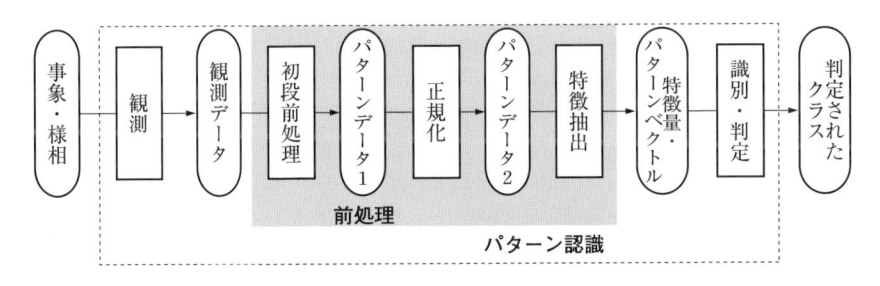

図 10.1　パターン認識の過程

パターン認識の応用事例において，その**実装**（implementation）で最も労力を必要とするのは，ほとんどの場合，観測を含む前処理の実装である．その理由は以下のとおりである．

・ノイズの少ない観測方法を採らなければならない
・観測データからノイズを除去しなければならない
・パターン情報とノイズの混合からパターン情報を取り出さなければならない
・パターン情報の量が大きいため圧縮しなければならない
・いくつかのパターンを公平な基準で比較しなければならない

したがって前処理方法は，応用事例の洞察によっていくつかの候補があげられ，そのうちから試行錯誤的に選ばれることが多い．

### 10.1.1 観 測 方 法

観測環境を整備するとともにセンサなどの観測機器との組合せを良好にしなければならない．たとえば一般に，テレビカメラで物体を観測して識別するときは，照明に配慮しなければならない．また，物体上に陰ができることを避けなければならない．

実用上可能ならば，できるだけ出力データの量が少ないセンサを用いるのがよい．分布型センサより集中型センサ，画像センサより触覚センサを使う方が扱う情報量が少なくてすむ．

### 10.1.2 初段前処理

前処理のうち観測データに対して最初に行う処理を**初段前処理**（first-stage preprocessing）と呼ぼう．これには，ノイズ除去，データ変動範囲の検出，度数計数，データの区切り，フィルタ処理 などがある．

・**ノイズ除去**（noise elimination）

観測データの中で，パターンを構成する量にパターンに関係のない量が加算的に混入していれば，後者をノイズとして除去する．画像処理では，ごま塩ノイズを除去したい場合には低周波通過フィルタ，グラデーションのある背景から輪郭を取り出したい場合には高周波通過フィルタが使われる．

一般に事前に信号からノイズを区別することは困難であり，ノイズ除去ができないことも多い．

**・データ変動範囲の検出**

データの最大値，最小値を求め，データの変動範囲を求める．10.2.2項の手振りデータでは2波長分のデータの切り出しに用いている．

**・度数計数**

8.3.2項では，ヒストグラムを用いてグレースケール画像を2値画像に変換する方法を述べたが，2値画像を画像分割に用いる場合は，この方法は初段前処理に相当する．

**・データの区切り**

2値画像を処理して画像を0領域と1領域に区分し，つながっている領域に名前をつける．これを**領域分割**（segmentation）という．これらの処理を通して，図10.2のような領域画像が得られる．

**・フィルタ処理**（filtering）

ノイズ処理のために平滑化などのようなフィルタ処理を行うこともある．図形処理ではエッジ検出のためにSobel演算子，Laplacian演算子などが用いられる．10.2.1項における整流平滑処理（RMS処理）もフィルタ処理の一種である．

> RMSは，root-mean-squreの略であり，信号の2乗の平均の平方根を作ることである．

このような初段前処理を経て，生の観測データは次段の正規化処理にかけられるものとなる．

### 10.1.3 正　規　化

パターンデータは，関係のない要因・特徴によって変化していることがある．その効果を打ち消すことによって求めたい特徴のみが現れるようにして後段の処理に引き渡す．そのためにデータを整形する処理を**正規化**（normalization）という．文字の認識において，画像データから字種の識別を行おうとする場合，文字の大きさは余分な特徴であるので，文字包絡領域の画像を一定の大きさに

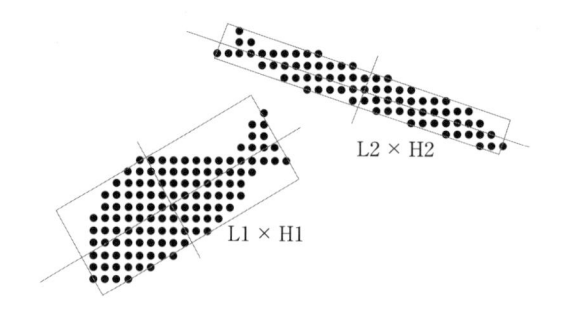

**図 10.2** 画像領域の慣性主軸を用いた正規化

縮小して後段の処理手順に送る．魚を分類するとき魚の画像領域の慣性モーメントの慣性主軸を求めそれが水平になるように画像を回転させ後段処理に送る．あるいは，図 10.2 のように，慣性主軸に沿って長さをとり，垂直方向に高さをとる．この処理によって，特徴量であるアスペクト比（aspect ratio）＝長さ：高さを求めることができるようになる．

### 10.1.4 特 徴 抽 出

観測データの情報量が大きい場合，処理によってパターン識別に有用ないくつかの数値または記号に変換することを**特徴抽出**（feature extraction）という．観測データに統計処理を施して平均値，標準偏差などの量を得る，空間的または時間的に分布するデータにフーリエ解析を行い，空間周波数成分または時間周波数成分に変換する，などのような方法を用いて情報量を減らし数値化する．得られたデータは，特徴量としてパターンベクトルの一部として用いられることが多い．10.2.2 項では手振りにおける手の位置データをフーリエ級数に変換してパターンベクトルを構成している．

また，例 9.3 に示す処理のために，原画にエッジフィルタを施してエッジ画像を得，エッジを一定長さに分割し，1 分割をその曲率によって 1 つの記号で表す．隣接する分割が同じ記号であればそれらをまとめる．これによって，エッジ全体を記号列に変換する．

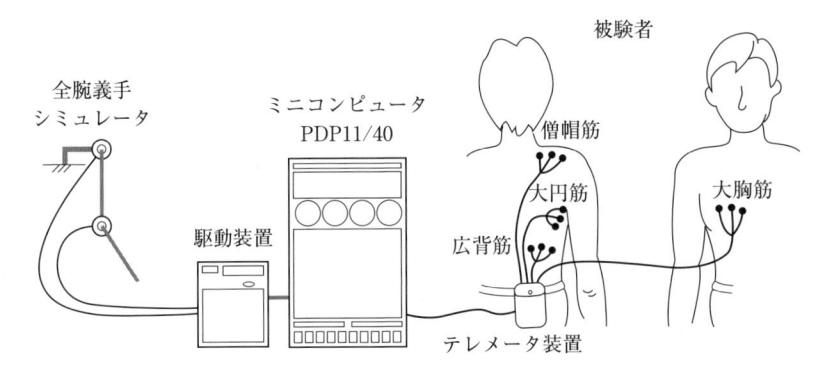

**図 10.3** 義手の筋電制御実験システム

## 10.2 事　例

著者が行ったパターン認識の例を示す．

### 10.2.1 筋電信号による義手の制御

上肢切断者が義手を意図するように動かすことができるシステムを実現するために筋電信号を利用するシステムを構想する[27]．実験の様子を図10.3に示す．義手使用者は，肩の上・下・前・後方向の動作，および自然体の5種によって，自分の意図を示す．制御装置は，使用者の大胸筋，僧帽筋，広背筋，大円筋の4つの筋の上の皮膚に装着した電極を通して得られる筋電信号を計測する部分と，指令値に従って義手のモータを動作させる部分から成る．肩動作は筋動作によって生じるので，肩動作と筋電信号とは関連する．システムでは，筋電信号をパターンしてとらえ，肩動作に従ってクラス分けする．そして筋電パターンのクラス判定結果に従ってモータを制御する．これによって使用者は肩動作で義手動作を制御できるわけである．

本実験では，健常な被験者が全腕義手シミュレータを筋電制御するシステムを構築した．筋電計測では，ベックマン製 $\phi$ 8 mm Ag-AgCl 表面電極を導電性ペーストを介して筋上の皮膚に両面テープによって装着する．電極より得られた4チャネルの筋電信号は，医用テレメータ装置（三栄測器272形）を介して無線送信され，次段の RMS 回路おいて整流平滑処理され，ミニコンピュー

タ PDP11/40 の AD 変換器に送られる．

　学習相においては，コンピュータは LED（発光ダイオード）によって被験者に肩動作を指示する．被験者が肩の位置を決めてスイッチを押すと，コンピュータは 22 ms 間隔で 50 回筋電の RMS 信号を収集し平均化する．これに定数 100 を加え拡張パターンベクトル $x = (x_1, x_2, x_3, x_4, 100)$ を作る．これを 20 回繰り返すことによって，5 つのクラスのいずれかに属する教育パターンベクトルが 20 個得られる．8.4.1 項の方法で線形識別の学習を行った結果，学習は完了した．さらにこの過程を 10 回繰り返し，得られた荷重行列を平均して，最終結果とした．

　識別相では，得られた荷重行列を用いて，被験者の発生する筋電パターンを常時識別することとした．上，下，前，後のクラスが判定される間だけ義手シミュレータを動作させ，それぞれ上腕前挙，上腕後挙，肘屈曲，肘伸展の動作を行わせた．また自然体の判定では義手の動作を止めて現在位置を保持した．このようにして，被験者は最終的に義手に希望の姿勢を大まかに取らせることができるようなった．

　ここで，学習時に比較的少数の教育パターンベクトルを用いて数回学習し，後でそれらの結果を平均して最終結果としたのは，教育パターンベクトルの個数が多いと線形分離可能でなくなる可能性が高いと考えたからであった．

　ここでの前処理は，RMS 処理および平均化である．

### 10.2.2　手振り動作によるロボットの操作

　人どうしで情報を伝える手振り動作を，人と機械の間の情報伝達手段として用いることを考える[28]．手振りは左右方向に振るものとして，左右方法に $x$ 軸を取り，手の位置座標 $x$ [mm] をテープセンサで 50 ms ごとに計測して計算機に取り込む．被験者は「左方向指示」，「右方向指示」，「指示方向なし」を意図して手を振る．手振りは往復運動であるので，時間に対して手の位置座標をプロットすると，図 10.4 の (a), (b), (c) のような振動波形が得られる．振動波形の極大値（山），極小値（谷）を境界として 2 波長分を切り出し，フーリエ解析を行って手振りの基本周波数，2 倍周波数，3 倍周波数の cos および sin 成分 $a_1, b_1, a_2, b_2, a_3, b_3$ を求める．さらに周期 $T$ と 1 を加えて拡張パター

## 10.2 事例

(a) 左指示手振り

(b) 右指示手振り

(c) 指示方向のない手振り

(d) 手振り動作によるロボットの操作

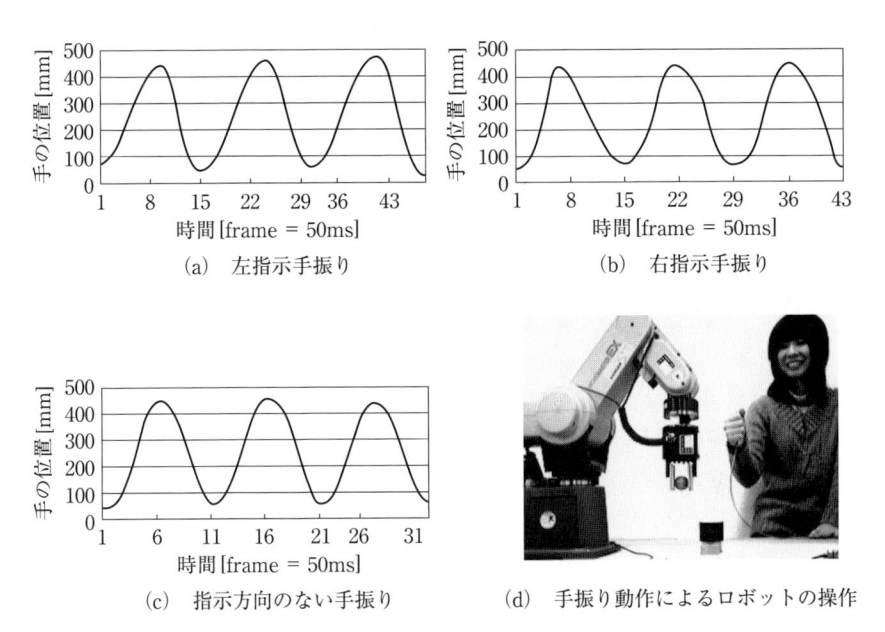

**図 10.4** 手振り動作の方向指示によるロボットの操作

ンベクトル $\boldsymbol{x} = (a_1, b_1, a_2, b_2, a_3, b_3, T, 1)$ を構成する．学習を行って，手振り動作を「左方向指示」，「右方向指示」，「指示方向なし」の3つのクラスに識別する．8.4.1項の方法で線形識別の学習を行った結果，学習はうまく完了した．

ロボット操作では，計算機は手振り動作を解析・識別して，その結果に基づいてロボットを動作させる．解析・識別は手振り変位が極大・極小になるごとに行われるので，リアルタイム性は高い．これにより操作者は手振りによってロボットを左右に動作させることができる．実験の様子を図10.4（d）に示す．

ここでの前処理は，波形の切り出しとフーリエ解析である．

さて，手振り動作が左指示と右指示でどのように違うかには興味がわくが，この識別方法では違いの特徴は明示的に得られない．しかしながら，ある被験者は，手を指示方向に速く逆方向には緩く動かすようである．

### 10.2.3 言語識別

ローマ字を使用する言語を，文字の並びの特徴から識別する試みである．英語，フランス語，スペイン語，イタリア語，ドイツ語，スウェーデン語の対訳文章について調査を行った．ただし，大文字/小文字の差，句読点，アクセントは無視するものとする．各言語とも7文を調べ42個の教育パターンベクトルを得た．文の長さは46〜210文字，8〜38単語の範囲である．特徴量として以下の15個を用いた．

・平均語長
・100文字当たりの1文字単語　a
・100文字当たりの1文字単語　e
・100文字当たりの1文字単語　i
・100文字当たりの1文字単語　y
・100文字当たりの出現頻度　j
・100文字当たりの出現頻度　k
・100文字当たりの出現頻度　q
・100文字当たりの出現頻度　w
・100文字当たりの出現頻度　x
・100文字当たりの出現頻度　y
・100文字当たりの出現頻度　z
・100文字当たりの出現頻度　wh
・100文字当たりの出現頻度　th
・100文字当たりの出現頻度　ch

得られた教育パターンベクトルを用いて8.4.1項の方法で線形識別の学習を行った結果，学習は完了した．**交差検定**（cross-validation）を用いて識別率を求めた．**一抜き検定**（leave-one-out cross-validation）は，教育パターンベクトル群から順繰りに1個を除いて識別学習を行い，その結果で除いた1個を識別してその当否を調べるものである．これによる識別率は38/42＝90%であった．

## 10.2 事　例

　比較的短い文でも，このような方法で言語識別が可能である．前処理としては，文の長短に影響されない特徴量を得るための正規化があげられる．

　〈**参考プログラム LangDiscrim.cpp と LangLOOCV.cpp の説明**〉
　上述の言語識別と一抜き検定を行うプログラムである．

# 11 行動学習

行動 (behavior) とは，心理学の用語であり，**刺激** (stimulus) に対する**反応** (response) の結び付きをいう．ある**行動者** (agent) についての行動の集合を**行動様式**と呼ぶことにしよう．人工的な行動者について最適な行動様式を求めようとすることが行動学習である．

## 11.1 行動学習

人工的な行動者（機械）は，観測によって環境および自己の**状態** (state) を知り，それに対して**動作** (action) を選んで実行する．環境内で行動する機械は，7 章でみた有限状態機械であると考えることができる．行動学習では，有限状態機械における状態と入力を区別せず，まとめて（別の意味での）状態として処理する．7 章では，機械の行動（すなわち状態遷移表）は外部の設計者によって完全に決定されていた．しかし，環境がいかなる様相であれば機械がいかなる動作を行えばよいかという行動様式をあらかじめ計画することは困難な場合が多い．機械が実際の環境に入ってそこで動作を行いその結果を評価することによって，よりよい行動（すなわち状態と動作のよりよい組合せ）を選んでいけるようになることが望ましい．これを**行動学習** (behavior learning) という．ここでは，強化学習の手法をみていこう．

実際においては，学習には非常に多数回の実行の繰り返しが必要なこと，実際の機械では失敗が許されない場合があることなどの理由で，実機を用いずシミュレーションで学習することがほとんどである．

## 11.2 強化学習

ここでは行動する機械を**エージェント**（agent）と呼ぼう．エージェントの行動に対して大きな報酬を与えればその行動をより頻繁に取るように（強化），小さな報酬を与えればその行動をより少なく取るように，修正していく学習方法を**強化学習**（reinforcement learning）という．ここでは，ワトキンズ（Chris Watkins）によって提案された**Q学習**（Q-learning）をみてみよう．

まず，定義を行う．

**状態**（state）： エージェントとその環境の状態を $s$ とし，その集合を $S$ とする（$s \in S$）．離散的時刻 $t$ における状態を $s(t)$ とする．

**動作**（action）： エージェントの実行する動作を $a$ とし，その集合を $A$ とする（$a \in A$）．時刻 $t$ においてエージェントが実行する動作を $a(t)$ とする．

**状態遷移**（state transition）： エージェントが時刻 $t$ で動作 $a(t)$ を実行すると，時刻が1だけ進み，状態は $s(t+1)$ に遷移する．

**報酬**（reward）： 状態が $s$ になると，エージェントは報酬 $R(s)$ を受け取る．報酬は正，0，または負の数値である．

**Q値**（Q-value）： $s$ と $a$ の組に対応してQ値 $Q(s,a)$ がある．

これは，状態 $s$ において動作 $a$ を実行する行動に対する評価値である．

すると，学習過程は以下のようになる．

---

**Q学習の過程**：

L1： （学習開始）すべてのQ値は初期状態にある．

L2： （試行開始）状態 $s$ は試行初期状態 $s_0$ にある．$t=1$ とする．

L3： エージェントは，状態 $s(t)$ でのQ値 $\{Q(s(t),a) | a \in A\}$ を勘案して動作 $a(t)$ を決定し実行する．その結果，状態 $s(t+1)$ に遷移する．エージェントは報酬 $R(s(t+1))$ を受け取る．$Q(s(t),a(t))$ を式 (11.1) に基づいて更新する．

$$Q(s(t),a(t)) \leftarrow (1-\alpha)Q(s(t),a(t)) + \alpha\{R(s(t+1)) + \gamma \max_{a \in A} Q(s(t+1),a)\} \quad (11.1)$$

L4： 試行終了条件 $s(t+1) \in E$ が満たされればL5へ進む．さもなければ時刻

> を進め ($t \leftarrow t+1$)，L3 へ進む．
> L5： 何らかの<u>学習終了条件</u>が満たされれば L6 へ進む．さもなければ L2 へ進む．
> L6： 学習終了．

式 (11.1) で $\alpha$ ($0 < \alpha \leq 1$) は学習率，$\gamma$ ($0 \leq \gamma < 1$) は割引率であり，それぞれ 0.1 程度であるが，学習の進行具合をみながら試行錯誤的に決められる．

学習過程における下線部は，応用事例によってあらかじめ決めておかなければならない．

**試行初期条件**： 試行は $s_0$ の状態から始まる．($s_0 \in S$)

**試行終了条件**： 試行を終了するための条件として，状態の集合 $E$ を定めておく ($E \subset S$)．状態 $s$ が $s \in E$ を満たすと試行を終了する．試行の終了は一般に，試行作業の目的を達成したか，目標達成が困難と判定されたかのいずれかである．

**学習終了条件**： 学習を評価して，満足のいくものである，あるいは満足達成が困難であると判定する条件である．

**$a(t)$ の決定法**： $\{Q(s(t), a) | a \in A\}$ に基づいて $a(t)$ を決める方法を**政策** (policy) と呼ぶ．これには，$Q(s(t), a_i)$ を最大にする $a_i$ を選ぶ**エリート選択** (elite selection)，$Q(s(t), a_i)$ の値に比例した確率で $a_i$ を選ぶ**ルーレット選択** (roulette selection)，等確率で $a_i$ を選ぶ方法などがある．学習中は，広い探索領域を確保するためにエリート選択は用いられない．図 11.1 はルーレット選択の説明図である．

> 状態 $s$ には，エージェントの知りえない外部状態もあり，エージェントはそれらに基づいて動作を選ぶことはできない．したがって，$Q(s, a)$ における $s$ というのは，本来ならば $S$ の要素ではなく部分集合である．

更新式 (11.1) の意味は，ある状態から動作を選択実行して次の状態に遷移したとき，その Q 値を，そのときに得られる報酬だけではなく，遷移後の状態で動作選択したときの最大の Q 値をも考慮して修正するということである．これにより，ある遷移で報酬を得た場合は，そこへ到達することが可能な遷移

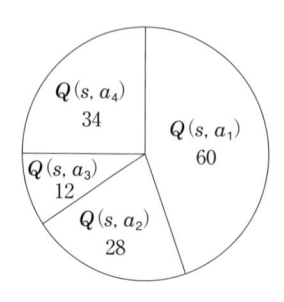

Q 値が $Q(s, a_1) = 60$, $Q(s, a_2) = 28$, $Q(s, a_3) = 12$, $Q(s, a_4) = 34$ であるとき，扇形の大きさが Q 値に比例するルーレットを考えると図のようになる．動作 $a_1, a_2, a_3, a_4$ が選ばれる確率は，それぞれの扇形の大きさに比例する．

**図 11.1** ルーレット選択

にもその報酬が伝播する．これにより，局所的には報酬が小さいけれども大局的には報酬が大きい遷移経路に沿っての評価値を高めることができる．こうして最適な遷移経路が強化されていくわけである．一方，ポテンシャル法では局所的な最適化しかできないので，大局的な最適化が困難である．

Q 学習におけるエージェントは有限状態機械と見なせるかどうか．Q 学習でいう状態は，有限状態機械（7 章）の状態と入力を合わせたようなものである．また Q 値は，マルコフ情報源（1 章）における遷移確率のようなものである．Q 学習におけるエージェントは，これら両者を合わせたようなものとして規定できるであろう．7 章では有限状態機械は全面的に設計者が規定したが，Q 学習では有限状態機械の自己設計であるといってよい．

以上は，Q 学習における学習アルゴリズムについて述べてきたが，Q 学習を事例に応用するには，事例の作業モデルを作成し，Q 学習アルゴリズムと組み合わせなければならない．Q 学習で用いる状態，動作，状態遷移，報酬，試行終了条件などを，事例に即して意味付けなければならない．すなわち作業を行うエージェントの機能，環境の様子，環境に対するエージェントの働き，作業結果の評価などに基づいて与えなければならない．

〈参考プログラム Qlearning.cpp の説明〉

応用事例として，図 11.2 (a) のように見える組立物の分解作業の学習を行う[34]．これには (b) 板 A, (c) 板 B の 2 種類あって，エージェントはそれぞれについて学習する．残存部品を等確率で選んでその図形（板かボルトか）をエージェントに知らせる仕組みがある．エージェントは，図形を知っ

```
   (a) 組立図      (b) 板 A      (b) 板 B
```

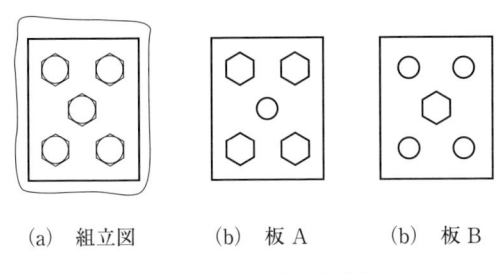

**図 11.2** 分解対象の組立物

て，その部品取外しの試行をするかしないかを選択する．試行の成功/失敗は，その部品が他の部品に拘束されているかいないかによる．状態 $s$ は，前回の試行図形×その成功失敗×今回の図形の 8 状態 + 初期の図形の 2 状態 + 分解完了の 11 状態である．動作 $a$ は取外しの見送りまたは試行である．失敗がなければ試行回数は 6 である．分解終了時の報酬は，試行成功回数 − 試行失敗回数 + 9 であり，最もうまくいって 15 である．途中段階でも別途報酬が与えられる．

動作は Q 値に基づくルーレット選択で決める．この分解過程は確率過程なので，多数回の分解過程における試行回数の平均値から学習の度合いをみる．学習によって平均値は減少し，板 A について 13.5 回，板 B について 10.5 回程度にまでなった．後述の GA の場合と比較されたい．

## 11.3　遺伝的アルゴリズム

**遺伝的プログラミング**（genetic programming）は，生物が進化によって環境に適応するという進化論の考えを最適化に応用したものである．生物では，世代交代において，**遺伝子**（gene）の**突然変異**（mutation）や**交差**（crossover）によって多様な遺伝子が現れる．そのような遺伝子をもつ個体は，その形質が環境内で有利に働けば生き残る．このような**自然選択**（natural selection）によって，環境への適合度の高いものが次の世代に遺伝子を伝える．この繰り返しによって，優れた遺伝子が選び出され，環境に適応した形質をもつ種ができ上がる．**遺伝的アルゴリズム**（genetic algorithm, GA）は，このように世代交代によって適応した形質が選び出されることをシミュレートし，それ

を最適化の問題に応用するものである．

GAとして最も簡単な例を解説する．ここで現れる遺伝学の用語は，アルゴリズムまたはプログラミングを説明するものであり，遺伝的には比喩でしかないことに注意されたい．

**個体**（individual）は，その**染色体**（chromosome）と同等である．染色体は**遺伝子座**（locus）の並びから成り，固定長である．1つの遺伝子座は，1つの遺伝子を包容する．遺伝子は最小1ビットであるが，整数値である場合もある．染色体の内部表現を**遺伝子型**（genotype）という．個体の**形質**（character）は，遺伝子座における遺伝子によって定まる．これを**表現型**（phenotype）という．個体は，この形質をもって環境内で行動する．

世代群は同一世代の個体群から成る．個体数 $N$ は一定とする．世代において，個体は遺伝子によって形質を発現し，環境内で行動し，その評価として**適合度**（fitness）を得る．適合度が大きいほど個体がよく適合していることを表す．

自然選択は，現世代の $N$ 個の個体から，適合度を参照して，重複を許して次世代への $N$ 個の個体を選び出す過程である．選択方法には，ルーレット選択やエリート選択などがある．ルーレット選択では，個体の（重複を含めて）選び出される確率は適合度に比例する（この場合，適合度は非負とする）．個体群の遺伝子の多様性が比較的長い世代にわたって保存されるのが特徴である．エリート選択では，適合度の高い個体のみを選択する．適合度の高い個体が必ず残る利点があるが，遺伝子の多様性が急速になくなり，広範囲の探索ができない可能性がある．

交差は，2つの（個体の）染色体を同じ位置（交差位置）で切断し互いに一方を交換することによって新たに2つの染色体（個体）を作るものである．これを図11.3に示す．$N$ 個の個体のうち $M$ 対の個体に対して行う．交差位置はランダムに選ばれる．$2M/N$ を交差率という．

突然変異は，ある個体の染色体の遺伝子の値を変更することである．ランダムに選ばれた遺伝子座の遺伝子を 0→1 または 1→0 に変更する．突然変異率は，個体群のうちで突然変異が生じる個体の比率であり，0.1〜5%程度が適当とされている．

## 11.3 遺伝的アルゴリズム

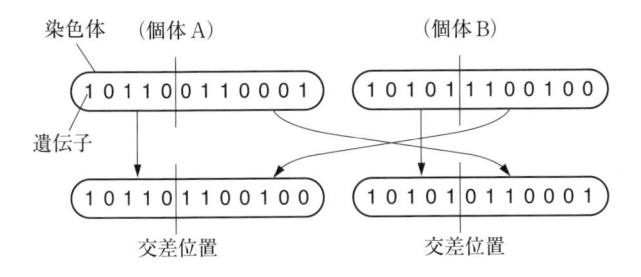

```
染色体  （個体A）           （個体B）
    ┌─────────────┐      ┌─────────────┐
    │1 0 1 1 0 0 1 1 0 0 0 1│      │1 0 1 0 1 1 1 0 0 1 0 0│
    └─────────────┘      └─────────────┘
遺伝子
    ┌─────────────┐      ┌─────────────┐
    │1 0 1 1 0 1 1 0 0 1 0 0│      │1 0 1 0 1 0 1 1 0 0 0 1│
    └─────────────┘      └─────────────┘
         交差位置              交差位置
```

**図 11.3** 染色体の交差

GAの終了判断は応用事例によるが，世代交代は，世代経過に対する個体群の適合度の増加率が当初設定の値を上回っている限り継続されるのが一般である．終了時に所期の最適化が達成されたかどうかを吟味しなければならない．

---

**遺伝的アルゴリズムの過程：**

L1： （初期化）　$N$ 個の個体の遺伝子をランダムに決める．

L2： （適合度の算出）　個体を行動させ適合度を求める．
個体群の適合度の増加率を算出し，設定値を下回ればL5へ進む．

L3： （自然選択）　適合度を考慮して $N$ 個の個体を選ぶ．

L4： （交差・突然変異）　$a_C N$ 対の個体を選び，交差によって $2a_C N$ 個の個体を作る．また，$a_M N$ 個の個体を選び，突然変異を起こさせる．L2に進む．$2a_C$ は交差率で 0.4 程度，$a_M$ は突然変異率で 0.01 程度である．

L5： 終了する．結果の吟味を行う．

---

GAもQ学習と同様に，事例に応用するには，事例の作業モデルを作成しGAと組み合わせなければならない．遺伝子の表現型を個体の特性として規定し，それによって環境における個体の作業が変化するようにしなければならない．また，作業を評価する式を設定して適合度の値を渡さなければならない．

〈**参考プログラム GA.cpp の説明**〉

応用事例として，強化学習で用いた図11.2の組立物の分解作業の学習を行う[34]．個体は組立物に残存する部品（板とボルト）から，ボルト：notib, 板：notip の比率の確率で1つを見つけて取外しの試行を行う．GAでこの比率を最適化する．個体の染色体の遺伝子が notib の値，および notip の値

を保持する．個体は分解を完了させると，試行成功回数 − 試行失敗回数 + 9 の適合度を受ける．最もうまくいって 15 である．

世代交代では，個体数 $N = 100$ とし，個体群を適合度で順序付け，自然選択として上位の $0.4 \times N$ 個を 2 倍に増やし，下位の $0.4 \times N$ 個を捨てる．次にこうしてできた個体群に対して，2 組の $0.2 \times N$ 個の間で交差，$0.01 \times N$ 個に突然変異を施す．世代を繰り返すことによって分解過程における試行回数の個体群平均値は減少し，板 A について 14 回，板 B について 11 回程度にまでなった．目立ち度比 notib/(notib + notip) の値はそれぞれ 0.28，0.59 程度となった．

# 問題解答

## 〈1 章〉

**1.1**
$$H = -0.7 \times \log_2 0.7 - 0.2 \times \log_2 0.2 - 0.1 \times \log_2 0.1$$
$$= 0.7 \times 0.515 + 0.2 \times 2.322 + 0.1 \times 3.322 = 1.157 \quad (\text{ビット})$$
$$R = \log_2 3 - 1.157 = 1.585 - 1.157 = 0.428 \quad (\text{ビット})$$

**1.2** (a)

状態遷移図: S0 に 0.8/0 の自己ループ, S0→S1 が 0.2/1, S1→S0 が 0.6/0, S1 の自己ループ 0.4/1

$$Q = \begin{pmatrix} 0.8 & 0.2 \\ 0.6 & 0.4 \end{pmatrix}$$

(b) $\boldsymbol{w}(I-Q) = \boldsymbol{0}$ より, $0.2p_1 - 0.6p_2 = 0$　一方, $p_1 + p_2 = 1$
これらより $\boldsymbol{w} = (p_1, p_2) = (0.75, 0.25)$

(c) $H' = -\{0.75 \times (0.8 \times \log_2 0.8 + 0.2 \times \log_2 0.2)$
$\quad + 0.25 \times (0.6 \times \log_2 0.6 + 0.4 \times \log_2 0.4)\}$
$= 0.75 \times 0.8 \times 0.322 + 0.75 \times 0.2 \times 2.322 + 0.25 \times 0.6 \times 0.737$
$\quad + 0.25 \times 0.4 \times 1.322 = 0.784 \quad (\text{ビット})$

(d) $H = -0.75 \times \log_2 0.75 - 0.25 \times \log_2 0.25 = 0.75 \times 0.415 + 0.25 \times 2.000$
$= 0.811 \quad (\text{ビット})$

## 〈2 章〉

**2.1** (1) $x \in A \cap C$ であれば, $x \in A$ かつ $x \in C$, 仮定より $x \in B$ かつ $x \in A \cap C$, したがって $x \in B \cap C$, ゆえに $A \cap C \subseteq B \cap C$

(2) $x \in A \cup C$ であれば, $x \in A$ または $x \in C$, 仮定より $x \in B$ または $x \in A \cap C$, したがって $x \in B \cup C$, ゆえに $A \cup C \subseteq B \cup C$

(3) $(x, y) \in A \times C$ であれば, $x \in A$ かつ $y \in C$, 仮定より $x \in B$ かつ $y \in C$, したがって $(x, y) \in B \times C$, ゆえに $A \times C \subseteq B \times C$

(4) $A \cup (B \cap C) = (A \cup B) \cap (A \cup C) = B \cap (A \cup C) = (A \cup C) \cap B$

**2.2** (5) 以下の 6 つの文は同値である．

$(x, y) \in A \times (B \cap C)$ 　　　$x \in A$ かつ $y \in (B \cap C)$

$x \in A$ かつ $\{y \in B$ かつ $y \in C\}$

$\{x \in A$ かつ $y \in B\}$ かつ $\{x \in A$ かつ $y \in C\}$

$\{(x, y) \in A \times B\}$ かつ $\{(x, y) \in A \times C\}$ 　　$(x, y) \in (A \times B) \cap (A \times C)$

ゆえに $A \times (B \cap C) = (A \times B) \cap (A \times C)$

(6) 以下の 6 つの文は同値である．

$(x, y) \in A \times (B \cup C)$ 　　　$x \in A$ かつ $y \in (B \cup C)$

$x \in A$ かつ $\{y \in B$ または $y \in C\}$

$\{x \in A$ かつ $y \in B\}$ または $\{x \in A$ かつ $y \in C\}$

$\{(x, y) \in A \times B\}$ または $\{(x, y) \in A \times C\}$ 　　$(x, y) \in (A \times B) \cup (A \times C)$

ゆえに $A \times (B \cup C) = (A \times B) \cup (A \times C)$

〈3 章〉

**3.1** 　(1) $= \neg(\neg(p \vee q) \vee (q \wedge \neg r)) = (p \vee q) \wedge \neg(q \wedge \neg r)$

$= (p \vee q) \wedge (\neg q \vee r)$ 　　　　　…連言標準形

$= ((p \vee q) \wedge \neg q) \vee ((p \vee q) \wedge r) = (p \wedge \neg q) \vee (q \wedge \neg q) \vee (p \wedge r) \vee (q \wedge r)$

$= (p \wedge \neg q) \vee (p \wedge r) \vee (q \wedge r)$ 　　　…選言標準形

(2) $= \{(p \wedge q) \wedge r\} \vee \{\neg(p \wedge q) \wedge \neg r\} = (p \wedge q \wedge r) \vee \{(\neg p \vee \neg q) \wedge \neg r\}$

$= (p \wedge q \wedge r) \vee (\neg p \wedge \neg r) \vee (\neg q \wedge \neg r)$ 　…選言標準形

(2) $= \{(p \wedge q) \vee \neg r\} \wedge \{\neg(p \wedge q) \vee r\}$

$= (p \vee \neg r) \wedge (q \vee \neg r) \wedge (\neg p \vee \neg q \vee r)$ 　…連言標準形

**3.2** 　(a) (3)

| $p$ | $q$ | $r$ | $q \vee r$ | $p \wedge (q \vee r)$ | $p \wedge q$ | $(p \wedge q) \vee r$ | $(p \wedge (q \vee r)) \to ((p \wedge q) \vee r)$ |
|---|---|---|---|---|---|---|---|
| T | T | T | T | T | T | T | T |
| T | T | F | T | T | T | T | T |
| T | F | T | T | T | F | T | T |
| T | F | F | F | F | F | F | T |
| F | T | T | T | F | F | T | T |
| F | T | F | T | F | F | F | T |
| F | F | T | T | F | F | T | T |
| F | F | F | F | F | F | F | T |

(a) (4)

| $p$ | $q$ | $r$ | $q \to r$ | $p \to (q \to r)$ | $p \to q$ | $p \to r$ | $(p \to q) \to (p \to r)$ | $(p \to (q \to r)) \to ((p \to q) \to (p \to r))$ |
|---|---|---|---|---|---|---|---|---|
| T | T | T | T | T | T | T | T | T |
| T | T | F | F | F | T | F | F | T |
| T | F | T | T | T | F | T | T | T |
| T | F | F | T | T | F | F | T | T |
| F | T | T | T | T | T | T | T | T |
| F | T | F | F | T | T | T | T | T |
| F | F | T | T | T | T | T | T | T |
| F | F | F | T | T | T | T | T | T |

(b)　(5) $= \neg(p \wedge (q \vee r)) \vee ((s \wedge t) \vee u) = (\neg p \vee \neg(q \vee r)) \vee ((s \wedge t) \vee u)$
　　　　$= (\neg p \vee (\neg q \wedge \neg r)) \vee ((s \wedge t) \vee u) = \neg p \vee (\neg q \wedge \neg r) \vee (s \wedge t) \vee u$
　　(6) $= \neg(\neg p \vee (\neg q \vee r)) \vee (\neg(\neg s \vee t) \vee (\neg s \vee u))$
　　　　$= (p \wedge \neg(\neg q \vee r)) \vee (s \wedge \neg t) \vee \neg s \vee u = (p \wedge (q \wedge \neg r)) \vee (s \wedge \neg t) \vee \neg s \vee u$
　　　　$= (p \wedge q \wedge \neg r) \vee (s \wedge \neg t) \vee \neg s \vee u = (p \wedge q \wedge \neg r) \vee \neg s \vee \neg t \vee u$

(c)　(3) $= \neg p \vee (\neg q \wedge \neg r) \vee (p \wedge q) \vee r = \neg p \vee \neg q \vee (p \wedge q) \vee r$
　　　　$= \neg p \vee \underline{\neg q \vee q} \vee \neg r = \mathbf{T}$
　　(4) $= (p \wedge q \wedge \neg r) \neg p \vee \neg q \vee r = (p \wedge q) \vee \neg p \vee \neg q \vee r = \underline{p \vee \neg p} \vee \neg q \vee r$
　　　　$= \mathbf{T}$

**3.3** (a) $F_1 = \neg a \to (b \wedge c)$　$F_2 = (b \vee d) \to \neg c$　$F_3 = \neg(a \wedge d)$　$G = \neg d$
　　(b) $F_1 \wedge F_2 \wedge F_3 \wedge \neg G = \{\neg a \to (b \wedge c)\} \wedge \{(b \vee d) \to \neg c\} \wedge \{\neg(a \wedge d)\} \wedge \neg \neg d$
　　　$= \{a \vee (b \wedge c)\} \wedge \{\neg(b \vee d) \vee \neg c\} \wedge (\neg a \vee \neg d) \wedge d$
　　　$= \{a \vee (b \wedge c)\} \wedge \{(\neg b \wedge \neg d) \vee \neg c\} \wedge (\neg a \vee \neg d) \wedge d$
　　　$= \{a \vee b\} \wedge (a \vee c) \wedge (\neg b \vee \neg c) \wedge (\neg d \vee \neg c) \wedge (\neg a \vee \neg d) \wedge d$
　　　$= \{a \vee b\} \wedge (a \vee c) \wedge (\neg b \vee \neg c) \wedge \neg c \wedge \neg a \wedge d$
　　　$= \{a \vee b\} \wedge \underline{a \wedge \neg c \wedge \neg a} \wedge d = \mathbf{F}$　したがって $F_1, F_2, F_3$ より $G$ が導かれた．

〈4 章〉

**4.1** (a)

| $x$ | $y$ | $z$ | $f(x,y,z)$ |
|---|---|---|---|
| 0 | 0 | 0 | 1 |
| 0 | 0 | 1 | 1 |
| 0 | 1 | 0 | 0 |
| 0 | 1 | 1 | 1 |
| 1 | 0 | 0 | 0 |
| 1 | 0 | 1 | 0 |
| 1 | 1 | 0 | 0 |
| 1 | 1 | 1 | 1 |

(b) $f(x,y,z)$
$= (\neg x \land \neg y \land \neg z) \lor (\neg x \land \neg y \land z) \lor (\neg x \land y \land z) \lor (x \land y \land z)$ …主選言標準形
$= (x \lor \neg y \lor z) \land (\neg x \lor y \lor z) \land (\neg x \lor y \lor \neg z) \land (\neg x \lor \neg y \lor z)$ …主連言標準形

(c) $f(x,y,z) = (\neg x \land \neg y) \lor (y \land z)$ …選言標準形
$= (\neg x \lor y) \land (\neg y \lor z)$ …連言標準形

**4.2** (a)

| $x$ | $y$ | $z$ | $u$ | $f(x,y,z,u)$ |
|---|---|---|---|---|
| 0 | 0 | 0 | 0 | 1 |
| 0 | 0 | 0 | 1 | 1 |
| 0 | 0 | 1 | 0 | 1 |
| 0 | 0 | 1 | 1 | 1 |
| 0 | 1 | 0 | 0 | 0 |
| 0 | 1 | 0 | 1 | 1 |
| 0 | 1 | 1 | 0 | 0 |
| 0 | 1 | 1 | 1 | 0 |
| 1 | 0 | 0 | 0 | 1 |
| 1 | 0 | 0 | 1 | 0 |
| 1 | 0 | 1 | 0 | 0 |
| 1 | 0 | 1 | 1 | 0 |
| 1 | 1 | 0 | 0 | 0 |
| 1 | 1 | 0 | 1 | 1 |
| 1 | 1 | 1 | 0 | 0 |
| 1 | 1 | 1 | 1 | 0 |

(b)

| $f(x,y,z,u)$ | | $x=0$ | | $x=1$ | |
|---|---|---|---|---|---|
| | | $y=1$ | $y=0$ | $y=0$ | $y=1$ |
| $z=0$ | $u=1$ | 1 | 1 | 0 | 1 |
| | $u=0$ | 0 | 1 | 1 | 0 |
| $z=1$ | $u=0$ | 0 | 1 | 0 | 0 |
| | $u=1$ | 0 | 1 | 0 | 0 |

(c) $f(x,y,z,u) = (\neg x \land \neg y) \lor (\neg y \land \neg z \land \neg u) \lor (y \land \neg z \neg u)$ …選言標準形
$= (\neg x \lor \neg z) \land (\neg y \lor \neg z) \land (\neg y \lor u) \land (\neg x \lor y \lor \neg u)$ …連言標準形

(d)

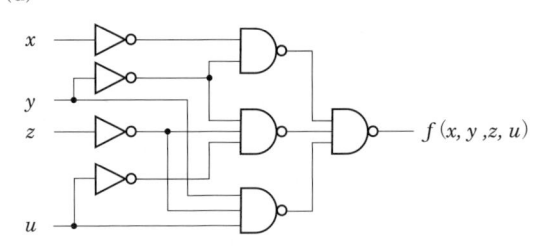

**4.3** (a)

|   | $A$ |   | 0111  |   | $D$ |   | 1010  |
|---|-----|---|-------|---|-----|---|-------|
|   | $B$ | + | 0101  |   | $E$ | + | 1011  |
|   | $C$ |   | 01110 |   | $C$ |   | 10100 |
|   | $S$ |   | 1100  |   | $S$ |   | 0101  |

(b)

|   | $A$ |   | 0111  |   | $D$ |   | 1010  |
|---|-----|---|-------|---|-----|---|-------|
|   | $\neg B$ | + | 1010 |   | $\neg E$ | + | 0100 |
|   | $C$ |   | 11111 |   | $C$ |   | 01001 |
|   | $S$ |   | 0010  |   | $S$ |   | 1111  |

〈6 章〉

**6.1** (a) $\exists x \neg \text{Know}(x, \text{Ichiro})$
$\forall x(\neg \text{Know}(x, \text{Ichiro}) \to \text{Fly}(x))$
$\forall x(\text{Swim}(\text{father}(x)) \to \text{Swim}(x))$
$\exists x(\text{L}(\text{father}(x)) \land \neg \text{L}(x))$

(b) 子供がすべて泳げる親がいる．
なまけものの教師は，すべての学生が知っている．

**6.2** (5) $\text{Child}(b, a) \to \text{Know}(a, b)$, (6) $\text{Know}(a, b)$, (7) $\neg \text{Child}(b, a)$

**6.3** 前提 1　　　　　　　　　$\forall x \exists y \text{F}(y, x)$　　　　　　　　　(1)
前提 2　　　　　　　　　$\{\text{F}(y, x) \land \text{F}(z, y)\} \to \text{GF}(z, x)$　(2)
導きたい結論　　　　　　$\forall x \exists z \text{GF}(z, x)$　　　　　　　　　(3)
(1) でスコーレム関数を用いて　$\forall x \text{F}(f(x), x)$　　　　　　　　(4)
(4) の $x$ に $f(x)$ を代入して　$\forall x \text{F}(f(f(x)), f(x))$　　　　　(5)

| | | |
|---|---|---|
| (4) より | $F(f(x), x)$ | (6) |
| (5) より | $F(f(f(x)), f(x))$ | (7) |
| (6), (7) より | $F(f(x), x) \wedge F(f(f(x)), f(x))$ | (8) |
| (8), (2) より | $GF(f(f(x)), x)$ | (9) |
| (9) より | $\exists z GF(z, x)$ | (10) |
| (10) より | $\forall x \exists z GF(z, x)$ | (11) |

⟨7 章⟩

**7.1**

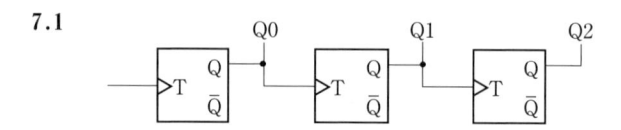

**7.2** (a) $Q = \{S0, S1, S5\}$
$\Sigma = \{c1, c5, b1, b2\}$
$\Gamma = \{c5, pc, -\}$
$q_0 = S0$

(b)

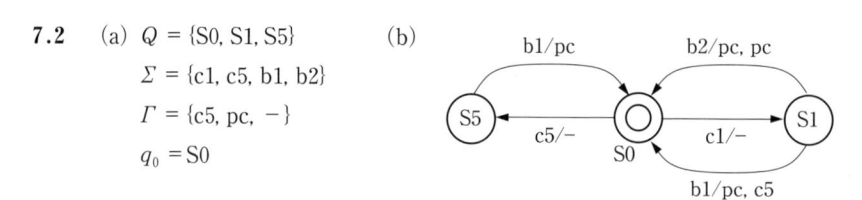

**7.3**

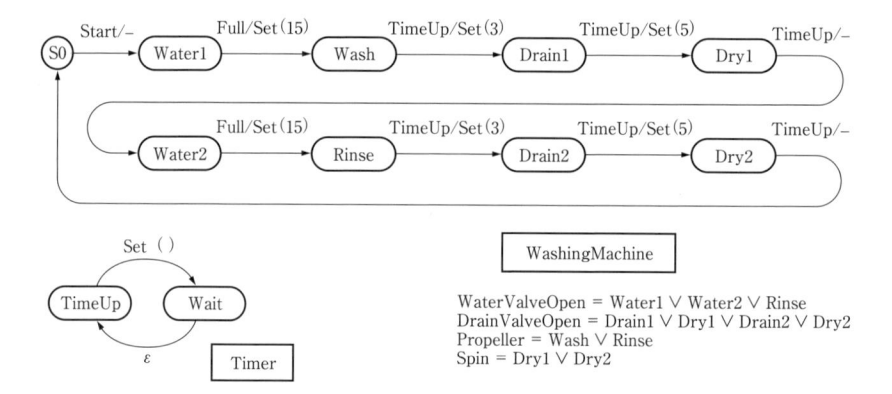

⟨8 章⟩

**8.1** (a) $h_1 = 0.2$, $p_1(7.5) = 0.1$, $p_1(8.0) = 0.08$, $p_1(8.5) = 0.06$, $p_1(9.0) = 0.04$

$h_2 = 0.4$, $p_2(7.5) = 0.08$, $p_2(8.0) = 0.16$, $p_2(8.5) = 0.24$, $p_2(9.0) = 0.32$

これより (1) C1　　(2) C2　　(3) C2　　(4) C2

(b)　$h_1 = 0.14$, $p_1(7.5) = 0.07$, $p_1(8.0) = 0.056$, $p_1(8.5) = 0.042$, $p_1(9.0) = 0.028$

$h_2 = 0.12$, $p_2(7.5) = 0.024$, $p_2(8.0) = 0.048$, $p_2(8.5) = 0.072$, $p_2(9.0) = 0.096$

これより (1) C1　　(2) C1　　(3) C2　　(4) C2

**8.2** (a) $(x_1, \cdots, x_{j-1}, x_{j+1}, \cdots, x_m)$ の組が線形分離可能であり荷重行列 $(w_1, \cdots, w_{j-1}, w_{j+1}, \cdots, w_m)$ を用いて識別できるとしたら，$(x_1, \cdots, x_{j-1}, x_j, x_{j+1}, \cdots, x_m)$ の組は荷重行列 $(w_1, \cdots, w_{j-1}, 0, w_{j+1}, \cdots, w_m)$ を用いれば識別可能となるため線形分離可能である．これは仮定に反する．したがって，特徴量の特定の1つ $(x_j)$ を除いて作った教育パターンの組は線形分離不可能である．

(b) たとえば $x_{m+1}$ がそのパターンベクトルの属するクラス番号であれば $(0, 0, \cdots, 0, x_{m+1})$ の組は線形分離可能であり，これより $(x_1, x_2, \cdots, x_m, x_{m+1})$ の組は線形分離可能となる．したがって，特徴量を1つ加えることによって線形分離可能となる一例が存在する．

## 〈9章〉

**9.1** (a) S→b　答 b

(b) S→aSa→aSca→abca　S→Sc→aSac→abac　答 abca, abac

(c) (1) 否　(2) 否　(3) S→aSa→aaSaa→aaScaa→aaSccaa→aabccaa

(4) S→Sc→aSac→aScac→aaSacac→aabacac

**9.2** Vr = {a, b, c, 0, 1, 2}

P = {〈変数〉→〈英字〉〈英数字の並び〉|〈英字〉,

〈定数〉→1〈数字の並び〉|2〈数字の並び〉|〈数字〉,

〈英数字の並び〉→〈英字〉〈英数字の並び〉|〈数字〉〈英数字の並び〉|〈英字〉|〈数字〉,

〈数字の並び〉→〈数字〉〈数字の並び〉|〈数字〉,

〈英字〉→a | b | c, 〈数字〉→0 | 1 | 2}

# 参 考 文 献

本書を執筆するに当たって以下の図書を参考にしました．これらの図書の関係各位にお礼申し上げます．

[情報一般]
- (1) JIS X0001　情報処理用語－基本用語，(財)日本規格協会（1994）
- (2) JIS X0201　7ビット及び8ビットの情報交換用符号化文字集合，(財)日本規格協会（1997）
- (3) 西垣通：基礎情報学―生命から社会へ，NTT出版（2004）
  情報について新たな観点から議論している．

[情報理論・情報量]
- (4) JIS X0016　情報処理用語（情報理論），(財)日本規格協会（1997）
- (5) 今井秀樹：情報理論，昭晃堂（1984）
- (6) 瀧保夫：情報論Ⅰ―情報伝達の理論―，岩波全書（1978）
- (7) 岩垂好裕編，後藤宗弘，鎌部浩，神保雅一：情報転送と符号の論理，オーム社（2000）

[集　合]
- (8) 細井勉：集合・論理，共立出版（1982）
- (9) 井関清志：集合と論理，新曜社（1979）

[記号論理学]
- (10) 長尾真，淵一博：論理と意味，岩波書店（1983）
  記号論理学について最も参考にした．
- (11) 小野寛晰：情報科学における論理，日本評論社（1994）

[ブール代数]
- (12) 田中尚夫：計算理論入門，裳華房（1997）
- (13) 上林弥彦：情報科学の基礎理論，昭晃堂（1997）
- (14) 後藤宗弘：電気・電子学生のための計算機工学，丸善（1982）

[有限状態機械]

(15) 小倉久和：形式言語と有限オートマトン入門，コロナ社（1996）

(16) 都倉信樹：オートマトンと形式言語，昭晃堂（1995）

(17) 富田悦次，横森貴：オートマトン・言語理論，森北出版（1992）

[パターン認識]

(18) JIS X0028　情報処理用語－人工知能－基本概念及びエキスパートシステム（1999）

(19) 電子通信ハンドブック，電子通信学会編，オーム社（1979）

(20) 中川聖一：パターン情報処理，丸善（1999）
　　 パターン認識について最も参考にした．

(21) 石井健一郎，上田修功，前田英作，村瀬洋：パターン認識，オーム社（1998）

(22) M. Minsky, S. Papert : Perceptrons, MIT Press（1969）

(23) D.E. Rumelhart, J.L. McClelland : Parallel Distributed Processing, MIT Press（1986）

(24) E.S. Reed（著），細田直哉（訳），佐々木正人（監修）：アフォーダンスの心理学，新曜社（2000）

(25) N. Chomsky : Aspects of the theory of syntax, MIT Press（1965）

(26) K.S. Fu : Syntactic Methods in Pattern Recognition, Academic Press（1974）

(27) 谷和男，谷江和雄，舘暲，小森谷清，前田祐司，西沢昭一郎，阿部稔，荒木正裕：義手制御のための筋電パターン識別学習，バイオメカニズム 5，東京大学出版会（1980）88/95

(28) 谷和男，川村拓也：多モード制御による作業プログラミングと手振り動作によるヒューマンインタフェース，第 26 回日本ロボット学会学術講演会講演概要集（2008）327/330

[行動学習]

(29) 北野宏明：遺伝的アルゴリズム，産業図書（1993）

(30) 安居院猛，長尾智晴：ジェネティックアルゴリズム，昭晃堂（1993）

(31) 伊庭斉志：遺伝的アルゴリズムの基礎―GA の謎を解く―，オーム社（1994）

(32) 新田克己：人工知能概論，培風館（2001）

行動学習について最も参考にした.

(33) Richard S. Sutton, Andrew G. Barto（著），三上貞芳，皆川雅章（訳）：強化学習，森北出版（2000）

(34) 谷和男，川村拓也，山田浩貴：生物と対比した工業環境におけるアフォーダンスに基づく行動生成，バイオメカニズム 18, 慶應義塾大学出版会（2006）153/163

# 索　引

## 〈ア　行〉

アスペクト比（aspect ratio）　*118*
アルファベット（alphabet）　*8*
閾　値（threshold）　*90*
一抜き検定（leave-one-out cross-validation）　*122*
1階述語論理（first order predicate logic）　*64*
遺伝子（gene）　*129*
遺伝的アルゴリズム（genetic algorithm, GA）　*129*
遺伝的プログラミング（genetic programming）　*129*
意味論（semantics）　*36, 67*
エージェント（agent）　*81, 126*
エリート選択（elite selection）　*127, 130*
演繹可能（deducible）　*57*
演繹定理（deduction theorem）　*58*
エントロピー（entropy）　*13*
エントロピー関数　*13*

## 〈カ　行〉

解　釈（interpretation）　*31*
書き換え規則（rewrite rule）　*107*
学習相（learning phase）　*87*
学習率　*127*
拡張パターンベクトル（augmented pattern vector）　*94*
確率密度関数（probability density function）　*91*
隠れマルコフモデル（hidden Markov model, HMM）　*110*
荷重行列（weight matrix）　*94*
カルノー図（Karnaugh map）　*48*
含　意（implication）　*30*
関　係（relation）　*26*
関　数（function）　*66*
完全性定理（completeness theorem）　*60*
観　測（observation）　*87, 116*
簡　約（contraction）　*35, 48*
偽（false）　*30*
記　号（symbol）　*5*
記号列（string of symbols）　*88*
記号論理学（symbolic logic）　*29*
基本命題（atomic formula）　*29*
基本論理式（atomic formula）　*29*
吸収法則（absorption law）　*23, 33, 43*
教育パターン（training pattern）　*87*
教育パターンベクトル（training pattern vector）　*88*
強化学習（reinforcement learning）　*126*
共通部分（intersection）　*23*
筋電信号　*119*
空集合（empty set, null set）　*22*
句構造文法（phrase structure grammar）　*107*
クラス（class）　*86*

クロック入力　76
形式的証明（formal proof）　56
形式的体系（formal system）　31
形式論理学（formal logic）　29
形　質（character）　130
桁上がり（carry）　53
結合法則（associative law）　23, 33, 43
決定木（decision tree）　111
元（element）　21
言語識別　122
項（term）　66
恒偽式　37
交換法則（commutative law）　23, 32, 43
交　差（crossover）　129
交差検定（cross-validation）　122
交差率　130
恒真式　37
合成命題（compound proposition）　30
構造的パターン認識（structural pattern recognition）　88, 107
行　動（behavior）　125
行動学習（behavior learning）　125
行動様式　125
構文的な方法（syntactic method）　55
構文的パターン認識（syntactic pattern recognition）　88, 107
公理系（axiom system）　55, 69
誤差逆伝播法（back propagation method）　100
個　体（individual）　63, 130
個体定数（individual constant）　64
個体変数（individual variable）　63
固定増分法　96
コード（code）　8
コード化する（to encode）　8
コネクショニズム（connectionism）　99

〈サ　行〉

再帰的な書き換え（recursive rewrite）　108
最近隣法（nearest neighbor method）　90
最小距離法（minimum distance method）　89
差集合（difference set）　24
雑　音（noise）　10
作用範囲（scope）　67
式の評価（evaluation of formula）　44
識　別（discrimination）　87
識別誤り率（error probability）　92
識別関数（discriminant function）　88
識別相（discrimination phase）　87
シグモイド関数（sigmoid function）　101
刺　激（stimulus）　125
自然選択（natural selection）　129
実　装（implementation）　116
時定数（time constant）　79
シャノン線図（Shannon diagram）　16
集　合（set）　21
充足可能式（satisfiable formula）　37
充足不能式（unsatisfiable formula）　37
終端記号（terminal symbol）　107
自由変数（free variable）　67
主選言標準形（principal disjunction normal form）　46
述　語（predicate）　63
述語命題（predicate proposition）　63
述語論理（predicate logic）　64
述語論理式（predicate formula）　64
出　力（output）　73
出力関数（output function）　74

主連言標準形（principal conjunction normal form） 46
順序対（ordered pair） 26
状　態（state） 73, 125
状態遷移（state transition） 73, 126
状態遷移関数（state transition function） 74
状態遷移図（state transition diagram） 16, 73
状態遷移表（state transition table） 74
冗長量（redundancy） 14
情　報（information） 5
情報学（informatics） 1
情報源（message source, information source） 10
情報工学（information engineering） 4
情報処理（information processing） 6
情報量（information content） 12
情報理論（information theory） 11
初期状態（initial state） 73
初段前処理（first-stage preprocessing） 116
自律機械（autonomous machine） 84
真（true） 30
信　号（signal） 6
真部分集合（proper subset） 22
真理値（truth value） 30
真理値表（truth table） 30, 42
推移法則（transitive law） 43
推移律（transitivity） 23
推論規則（inference rule） 56
スコーレム関数（Skolem function） 68
スコーレム定数（Skolem constant） 68
正規化（normalization） 117
生起確率ベクトル（probability vector） 15

正規マルコフ情報源 17
政　策（policy） 127
生成文法（generative grammar） 107
積集合（product set） 23
節（clause） 34
絶対訂正法 96
セット入力（set input） 75
遷移確率（transition probability） 15
遷移確率行列（transition probability matrix） 15
全加算器（full adder） 53
線形識別（linear discrimination） 88, 94
線形識別関数（linear discriminant function） 88
線形分離可能（linearly separable） 97
選言（disjunction） 30
前件（antecedent） 30
選言節（disjunctive clause） 34, 46
選言標準形（disjunctive normal form） 34, 46
全称記号（universal quantifier） 64
染色体（chromosome） 130
全体集合（universal set） 24
選択情報量（decision content） 11
前提（hypothesis） 57
素（disjoint） 24
双安定マルチバイブレータ（bistable multivibrator） 75
相互作用（interaction） 81
双対性（duality） 44
束縛変数（bounded variable） 67
存在記号（existential quantifier） 65

〈タ　行〉

大域的に線形分離可能（globally linearly separable） 98

代入規則（substitution rule） 56
タイマ（timer） 79
立上り（rising edge） 77
立下り（falling edge） 77
妥当式（valid formula） 37
単安定マルチバイブレータ（monostable multivibrator, one shot） 79
直　積（direct product） 25
直　和（disjoint union） 24
通信路（channel） 7, 10
通　報（massage） 6
通報受端（message sink, information sink） 10
定義域（domain） 36, 64
定常情報源（stationary message source, stationary information source） 14
定常情報源のエントロピー 14
定常生起確率ベクトル 16
定　理（theorem） 56
適合度（fitness） 130
データ（data） 5
データ管理（data management） 6
データ受信装置（data sink） 7
データ処理（data processing） 6
データ送信装置（data source） 7
データ通信（data communication） 7
データ伝送（data transmission） 7
データ伝送路（transmission channel） 7
手振り動作 120
伝送媒体（transmission medium） 7
統計的手法（statistical method） 88
動　作（action） 125
動作表 76
同　値（equivalence） 30
同　等（equality） 30

特徴空間（feature space） 87
特徴抽出（feature extraction） 118
特徴ベクトル（feature vector） 87
特徴量（feature value） 87
突然変異（mutation） 129
突然変異率 130
トートロジー（tautology） 37
ド・モルガンの法則（de Morgan's law） 25, 33, 43

〈ナ　行〉

二重否定の法則（law of double negation） 33, 43
2値集合（binary set） 42
2値ブール代数（binary Boolean algebra） 42
入　力（input） 73
ニューラルネットワーク（neural network） 100
ノイズ除去（noise elimination） 116
ノンパラメトリックな方法（nonparametric method） 88, 94

〈ハ　行〉

パーセプトロン（perceptron） 99
パターン（pattern） 85
パターン空間（pattern space） 87
パターン認識（pattern recognition） 86
パターンベクトル（pattern vector） 87
パラメトリックな方法（parametric method） 88
反射律（reflexivity） 23
反対称律（antisymmetry） 23
反　応（response） 125
引　数 66

非終端記号（non-terminal symbol） 107
ヒストグラム（histogram） 90, 117
否定（negation） 30, 42
1文字当たりの平均エントロピー（character mean entropy） 17
1文字当たりの平均情報量（character mean information content） 17
フィルタ処理（filtering） 117
復元律 25
復号する（to decode） 8
符号（code） 8
符号化する（to encode） 8
部分集合（subset） 22
部分論理式（subformula） 32
普遍集合（universal set） 24
フーリエ解析 118
フリップフロップ（flip-flop） 75
プログラマブルコントローラ（programmable controller, programmed logic controller, PLC） 84
ブール関数（Boolean function） 45
ブール代数（Boolean algebra） 41
ブール論理式（Boolean logical formula） 44
文（sentence） 107
文開始記号（start symbol） 107
分節（segmentation） 113
分配法則（distributive law） 23, 33, 43
平均情報量（average information content） 13
ベイズの決定法 93
ベイズの定理（Bayes theorem） 93
閉論理式（closed formula） 67
べき集合（power set） 25

べき等法則（idempotent law） 23, 33, 43
変換する（to convert） 8
ベン図（Venn diagram） 25
報酬（reward） 126
補集合（complementary set, complement） 24

〈マ 行〉

前処理（preprocessing） 87, 115
交わり（meet） 23
マルコフ過程（Markov process） 15
マルコフ情報源（Markov source） 15, 110
マルチエージェントシステム（multi-agent system） 81
ミーリー機械（Mealy machine） 75
ムーア機械（Moore machine） 75
無限集合（infinite set） 22
矛盾式（inconsistent formula, contradiction） 37
矛盾律（law of contradiction） 33
結び（join） 23
命題論理（propositional logic） 30
命題論理式（propositional formula） 30
メタ言語（meta-language） 56
文字（character） 5
モデル理論（model theory） 36

〈ヤ 行〉

有限オートマトン 73
有限集合（finite set） 22
有限状態機械（finite state machine） 16, 73, 128
尤度法（likelihood method） 91
要素（element） 21

〈ラ 行〉

リセット入力（reset input） 75
リテラル（literal） 34, 46
領域分割（segmentation） 117
量記号（quantifier） 67
隣接節（adjacent clause） 48
ルーレット選択（roulette selection）
　　　　　　　　　　　127, 130
連　言（conjunction） 30
連言節（conjunctive clause） 34, 46
連言標準形（conjunctive normal form）
　　　　　　　　　　　34, 46
ロジスティック関数（logistic function）
　　　　　　　　　　　101
論理学（logic） 29
論理記号（logical connective） 30
論理式（logical formula） 30
論理積 30, 42
論理定数（logical constant） 30
論理的帰結（logical consequence） 37
論理変数（logical variable） 31

論理和 30, 42

〈ワ 行〉

和集合（union） 23
割引率 127

〈英 名〉

AND 回路 52
JK フリップフロップ 78
NAND 45
NAND 回路 45
NOR 45
NOR 回路 52
NOT 回路 52
OR 回路 52
Q 学習（Q-learning） 126
Q 値（Q-value） 126
SR フリップフロップ 75
T フリップフロップ 76
XOR 45
XOR 回路 52

〈著者紹介〉

谷　　和男　（たに　かずお）
　1972 年　東京大学大学院工学系研究科博士課程修了
　専門分野　ロボット工学・知能機械工学
　主　著　「図解メカトロニクス用語辞典」（共著）日刊工業新聞社
　　　　　「デザインエンジニアリング総覧」（共著）フジ・テクノシステム
　　　　　「車両システムのダイナミックス制御」（共著）養賢堂
　　　　　通商産業省工業技術院機械技術研究所研究室長，
　　　　　熊本県工業技術センター次長を経て
　現　在　岐阜大学工学部教授・工学博士


シリーズ 知能機械工学 ②
**情報工学の基礎**

2009 年 9 月 25 日　初版 1 刷発行

検印廃止

著　者　谷　和男　©2009
発行者　南條　光章
発行所　共立出版株式会社

〒 112-8700　東京都文京区小日向 4 丁目 6 番 19 号
電話　03-3947-2511
振替　00110-2-57035
URL　http://www.kyoritsu-pub.co.jp/

社団法人
自然科学書協会
会員

印刷：横山印刷／製本：協栄製本
NDC 530, 548 ／ Printed in Japan

ISBN 978-4-320-08178-9

JCOPY ＜(社)出版者著作権管理機構委託出版物＞
本書の無断複写は著作権法上での例外を除き禁じられています．複写される場合は，そのつど事前に，(社)出版者著作権管理機構（電話 03-3513-6969，FAX 03-3513-6979，e-mail: info@jcopy.or.jp）の許諾を得てください．

# ■機械工学関連書

http://www.kyoritsu-pub.co.jp/ 共立出版

- 英和和英 実用機械工学ポケット用語集……山田卓郎編
- 機械工学概論……佐藤金司他著
- 詳解 機械工学演習……酒井俊道編
- 生物と機械……日本機械学会編
- ヘルスモニタリング……山本鎭男編著
- 構造健全性評価ハンドブック……構造健全性評価ハンドブック編集委員会編
- コンピュータによる自動生産システム I・II……橋本文雄他著
- 環境材料学……長野博夫他著
- 基礎 材料工学……渡邊慈朗他著
- 有理連続体力学の基礎……徳岡辰雄著
- わかりやすく例題で学ぶ機械力学……太田 博他著
- 基礎と応用 機械力学……清水信行他著
- ダイナミカルシステムの数理 基礎/応用……山本鎭男編著
- 薄板構造力学……関谷 壮他著
- かんたん材料力学……松原雅昭他著
- わかりやすい材料力学の基礎……木田外明他著
- 演習形式 材料力学入門……寺崎俊夫他著
- 工学基礎 材料力学 新訂版……清家政一郎著
- 材料力学 第2版……清水篤麿著
- 詳解 材料力学演習 上・下……斉藤 渥他著
- 新形式 材料力学の学び方・解き方……材料力学教育研究会編
- Excelで解く機械系の運動力学……増山 豊著
- 破壊力学……小林英男著
- 破壊事故……小林英男著
- 鋼構造物の疲労寿命予測……豊貞雅宏他著
- 基礎 振動工学 新訂版……芳村敏夫他著
- 振動工学概論……明石 一著
- Mathematicaによる振動解析……清水信行著
- 改訂 機械材料……佐野 元著
- 機械材料 第2版……田中政夫他著
- 基礎 金属材料……渡邊慈朗他著
- 材料試験 訂正版……川田雄一他編
- 材料加工プロセス……山口克彦他編著
- 機械技術者のための材料加工学入門……吉田総仁他著
- 機械・材料系のためのマイクロ・ナノ加工の原理……近藤英一著
- 機械工作法 I・II 改訂版……朝倉健二・橋本文雄著
- 精密工作法 上・下 第2版……田中義信他著
- 先端機械工作法……末澤芳文著
- 実用切削加工法 第2版……藤村善雄他著
- 機械・材料系のためのマイクロ・ナノ加工の原理……近藤英一著
- 工作機械……伊藤 鎮他著
- 新編 機械加工学……橋本文雄他著
- 塑性加工……朝倉健二著

- 基礎 精密測定 第3版……津村喜代治著
- 最新工業計測 新訂版……佐藤泰彦著
- インテリジェント制御システム……田中一男編著
- 制御工学の基礎……尾崎弘明著
- 詳解 制御工学演習……明石 一他著
- 制御工学 増訂版……明石 一他著
- Windowsを使って制御工学演習……武内良樹著
- 基礎 メカトロニクス……神崎一男著
- システム工学……赤木新介著
- 概説 ロボット工学……西川正雄著
- ロボティクス……三浦宏文他訳
- 身体知システム論……伊藤宏司著
- 顔という知能……原 文雄他著
- ロボカップレスキュー……田所 諭他監修
- 基礎 熱力学……布施 肇著
- 工業熱力学 第2版……斎藤 孟他著
- 熱流体力学……中山 顕他著
- 伝熱工学……菊地義弘他著
- 基礎 伝熱工学……北村健三他著
- 工学基礎 熱および熱機関……泉 亮太郎他著
- ネットワーク流れの可視化に向けて交差流れを診る……梅田眞三郎他著
- 例題でわかる基礎・演習流体力学……前川 博他著
- 原子・分子の流れ……日本機械学会編
- 対話とシミュレーションムービーでまなぶ流体力学……前川 博著
- 工科系 流体力学……中村育雄他著
- 工学基礎 機械流体工学……中村育雄他著
- 詳解 流体工学演習……吉野章男他著
- 流体機械……草間秀俊他著
- 計算流体力学……棚橋隆彦著
- アイデア・ドローイング 第2版……中村純生他著
- 技術者必携 機械設計便覧 改訂版……狩野三郎著
- 標準 機械設計図表便覧 改新増補5版……小栗冨士雄他著
- 機構学……森 政弘編
- 工学基礎 機構学 増訂版……太田 博著
- 製図基礎 第2版……金元敏明著
- SolidWorksで始める3次元CADによる機械設計と製図……宋 相載他著
- JIS機械製図の基礎と演習 第4版……熊谷信男他著
- Windows版機械設計演習……今市憲作他著
- 配管設計ガイドブック 第2版……小栗冨士雄他著
- 基礎教育 コンピュータ設計・製図 I・II……岩田一明監修
- CAD/CAMシステムの基礎と実際……古川 進他著
- CAEのための数値図形処理……金元敏明著